Otto Barnick

Die tuberkulösen Erkrankungen des Gehörorgans

Otto Barnick

Die tuberkulösen Erkrankungen des Gehörorgans

ISBN/EAN: 9783743361393

Hergestellt in Europa, USA, Kanada, Australien, Japan

Cover: Foto ©berggeist007 / pixelio.de

Manufactured and distributed by brebook publishing software
(www.brebook.com)

Otto Barnick

Die tuberkulösen Erkrankungen des Gehörorgans

Die tuberkulösen Erkrankungen des Gehörorgans.

Von

Dr. med. Otto Barnick,

Ohrenarzt am Anna-Kinderspital und am Landes-Taubstummeninstitut zu Graz.

Mit 1 lithographischen Tafel.

Ausgegeben im April 1899.

Geschichtlicher Rückblick. Einteilung der tuberkulösen Erkrankungen des Gehörorgans.

Bei dem regen Interesse, welches fast zu allen Zeiten der Tuberkulose als einer der verderblichsten Krankheiten des Menschengeschlechtes entgegengebracht wurde, ist es nicht zu verwundern, daß man bereits lange vor der Auffindung des Tuberkelbacillus den Zusammenhang gewisser eiteriger Prozesse im Ohr mit der sogenannten „Phthise" ahnte.

Die ersten diesbezüglichen Mitteilungen stammen aus einer Zeit, in welcher noch die ursprünglich morphologisch gefaßte Bezeichnung „Tuberkel" ohne Rücksicht auf ihren Ursprung für alle möglichen käsigen Substanzen verwendet wurde, und rühren von GRISOLLE (1), GEISSLER (2), ROMBERG (3), RILLIET-BARTHEZ (4) und NÉLATON (5) her. Besonders waren es französische Autoren, welche die „tuberkulöse Caries des Felsenbeins" für eine häufige Ursache von Otorrhöen hielten, welche namentlich bei phthisischen Kindern unter Pyämie und Meningitis zum Tode führten. Mit Recht betont VON TRÖLTSCH (6), daß diese „abgekapselten Tuberkel" zumeist ihre Bildung nur einer langdauernden, vernachlässigten Ohreiterung verdanken dürften, dass aber die Möglichkeit einer primären Tuberkulose des Schläfebeins nicht ohne weiteres von der Hand zu weisen sei. Auch VIRCHOW (7) ist der Ansicht, daß bei chronischer Tuberkulose erst sekundär Caries des Ohres sich einstellt.

Schon HAMERNYK (8) und WILDE (9) sind die wichtigsten klinischen Eigentümlichkeiten der tuberkulösen Mittelohrentzündung bekannt. Am auffallendsten war ihnen der fast schmerzlose Beginn des Leidens, die rapide Abnahme des Gehörs, der Eintritt eines dünnen, eiterigen Ausflusses sowie die verhältnismäßig häufig auftretende halbseitige Gesichtslähmung. Die während der sechziger Jahre über diesen Gegenstand veröffentlichten Beobachtungen von VON TRÖLTSCH (10) und SCHWARTZE (11) stehen noch im Zeichen der von VON BUHL für die menschliche Tuberkulose aufgestellten „Käse-Infektionstheorie", welche die Tuberkulose durch Resorption alter, eingedickter Entzün-

9*

dungsprodukte verschiedenen Ursprungs entstehen ließ, einer Auffassung, welche über die VILLEMIN'sche Anschauung von der specifischen Virulenz der Tuberkulose den Stab brach, und gegen die selbst VIRCHOW's Machtwort verhallte. Zu derselben Zeit berichtete auch ZAUFAL (12) über einen Fall von „primärer Tuberkulose des Felsenbeins" bei einem an Lungenschwindsucht Verstorbenen, wo der Tuberkelherd in die kompakte Knochenmasse der vorderen Pyramidenfläche eingebettet war, und weder mit der Paukenhöhle, noch mit den Zellen des Warzenfortsatzes, noch mit den Höhlen des Labyrinths in Verbindung stand.

Die ersten Angaben über das Vorkommen miliarer Tuberkel am Trommelfell und in der Paukenhöhle finden sich bei SCHWARTZE (13). Sowohl bei Kindern mit Miliartuberkulose als auch bei chronischer Lungentuberkulose Erwachsener sah dieser Gewährsmann öfters gelbliche, leicht prominente, härtliche Stellen, die von schnellem, ulcerativem Zerfall des Trommelfells gefolgt waren und wahrscheinlich als Tuberkel der Membran zu deuten sind. Die histologische Bestätigung dieser Annahme fehlte jedoch.

Die Entdeckung des Tuberkelbacillus durch R. KOCH, welche eine große Ueberraschung in der medizinischen Welt hervorrief, erweckte auch wieder ein größeres Interesse für die tuberkulösen Prozesse im Ohr. Die Arbeiten von ESCHLE (14) und VOLTOLINI (15), von NATHAN (16) und RITZEFELDT (17) beschäftigten sich mit dem Nachweis der specifischen Krankheitserreger im Ohreiter Tuberkulöser. Das Hauptverdienst aber um die Klarlegung der tuberkulösen Veränderungen im Gehörorgan erwarb sich HABERMANN (18) durch seine eingehenden, pathologisch-anatomischen Untersuchungen.

Das Vorkommen tuberkulöser Prozesse im Ohr, welches, wie wir bereits kennen gelernt, schon längst als höchst wahrscheinlich galt, da der klinische Verlauf gewisser Mittelohreiterungen bei tuberkulösen Individuen ein ganz bestimmtes Bild bietet — Auftreten von zahlreichen schnell zusammenfließenden Durchlöcherungen des Trommelfells, meist ohne besondere Schmerzempfindung — konnte erst einwandsfrei durch das Auffinden des Tuberkuloseparasiten in den befallenen Gewebsteilen erhärtet werden. Die Untersuchungsreihe HABERMANN's verfügt über die stattliche Zahl von 38 Schläfebeinen Tuberkulöser, welche insgesamt einer genauen mikroskopischen Durchforschung unterzogen wurden. In 13 Fällen konnte mit Sicherheit eine specifische Erkrankung festgestellt werden, und von 9 Gehörorganen liegt ein eingehender histologischer Befund vor. Die tuberkulösen Veränderungen betrafen alle Teile des Ohrs, und stellten alle Stadien von der diffusen Infiltration mit zahlreich eingestreuten Bacillen bis zum geschwürigen Zerfall dar. Auf Grund seiner Untersuchungen kommt HABERMANN zu dem Schluß, daß die Tuberkulose in den beschriebenen Fällen von der Schleimhautauskleidung des Mittelohrs ausging und sich von da erst weiter in die

Tiefe auf den Knochen verbreitete. Bezüglich des Infektionsvorganges läßt er die Möglichkeit offen, daß es auch vermittelst der Blutbahn zu einer Ansiedlung der Krankheitserreger im Mittelohr kommen könnte. Als wahrscheinlichsten Weg für die Infektion nimmt er aber die Tuba Eustachii an. Er begründet seine Auffassung damit, daß in frischen Fällen die versteckt liegenden Partien der Schleimhaut von Erkrankungen freiblieben, und daß gerade bei herabgekommenen Individuen unschwer Auswurfsstoffe infolge der verschiedenen Exspirationsbewegungen durch die ihres Fettpolsters beraubte und deshalb leicht durchgängige Ohrtrompete getrieben würden.

Nachdem HABERMANN (19) selbst bei einer Frau, welche an einer Miliartuberkulose verstorben war, in der sonst normalen Schleimhaut der lateralen Labyrinthwand neben einer Hämorrhagie einen unscheinbaren Herd mit Tuberkelbacillen gefunden hatte, betraute er den Verfasser mit der Aufgabe, sich noch einmal eingehend mit der Tuberkulose des Gehörorgans in klinischer und pathologisch-anatomischer Beziehung zu beschäftigen und vor allem hierbei der Frage der hämatogenen Infektion eine besondere Aufmerksamkeit zu schenken.

Um von vornherein den Verdacht zu beseitigen, als wären die KOCH'schen Bacillen auf dem Wege der Tuba Eustachii durch Sputumteilchen ins Mittelohr eingedrungen, entnahm BARNICK (20) in 16 Fällen die Schläfebeine solchen Personen, welche an einer allgemeinen Miliartuberkulose zu Grunde gegangen waren, die sich an eine primäre Tuberkulose der Lymphdrüsen, in einem Falle an einen Solitärtuberkel der rechten Kleinhirnhemisphäre anschloß. Unter den dieser Gruppe zugehörenden Schläfebeinen konnte 5 mal eine auf dem Blutwege entstandene Tuberkulose des Gehörorgans konstatiert werden. Ob die erste Ansiedlung der Krankheitserreger in der Schleimhautauskleidung des Mittelohrs oder in der Spongiosa des Schläfebeins stattfand, wird sich in vielen Fällen mit vollkommener Sicherheit kaum beweisen lassen, da die Erkrankung beider Gewebe oft unmittelbar ineinander übergeht. Bei der außerordentlichen Häufigkeit der Knochentuberkulose, auch am Schädel, könnte es nicht überraschen, wenn der Warzenfortsatz nicht selten primär erkrankte. Jedenfalls fühlte sich BARNICK berechtigt, mit Wahrscheinlichkeit eine primär ossale Form der Tuberkulose anzunehmen, wenn sich an verschiedenen Stellen des Körpers multiple, tuberkulöse Knochenprozesse nachweisen lassen, oder am Schläfebeine selbst mehrere isolierte, verkäste Sequester angetroffen werden.

Es würde uns zu weit führen, in diesem kurzen geschichtlichen Rückblick auf alle einzelnen, einschlägigen Beobachtungen zurückzugreifen. Nur zweier Arbeiten sei hier noch gedacht, es sind dies die Abhandlungen von HEGETSCHWEILER (21) und SCHWABACH (22).

Es ist sehr zu bedauern, daß das an und für sich schätzenswerte

Material. welches HEGETSCHWEILER von BEZOLD zur Verfügung gestellt wurde, wissenschaftlich nicht besser ausgenutzt worden ist. Der
Versuch des Verfassers, auf Grund von 39 Krankengeschichten und den
dazu gehörigen Schläfebeinsektionen ein pathologisch-anatomisches und
klinisches Bild der Tuberkulose des Ohres zu entwerfen, muß als ge-
scheitert betrachtet werden, da er in den meisten Fällen die Beweis-
führung der tuberkulösen Natur des Leidens für überflüssig gehalten
hat. Unserer modernen Anschauung gemäß ist es ausschließlich der
in tuberkulösen Substanzen enthaltene Tuberkelbacillus, welcher den
tuberkulösen Prozeß hervorruft, und der einzige Weg, ein klares Bild
der Ohrtuberkulose zu erhalten, ist und bleibt der Nachweis der charakteristischen tuberkulösen Bildungen und ihrer Ausdehnung durch
das Mikroskop. Da der Autor diese Forderungen außer Acht gelassen
hat. so ist seine Arbeit für uns kein besonderer Gewinn. Anders ver-
hält es sich mit der Abhandlung von SCHWABACH.

Nach Würdigung der in der Litteratur niedergelegten Angaben.
besonders aber an der Hand eines eigenen reichhaltigen und vor allem
histologisch gut durchgearbeiteten Materials giebt er uns einen Ueber-
blick über die Tuberkulose des Mittelohrs. Seine Untersuchungen
führten zu demselben Ergebnis wie die HABERMANN's. nämlich. daß die
Einwanderung der specifischen Krankheitserreger durch die Ohrtrompete
in die Schleimhaut der Paukenhöhle stattfindet, und daß erst von hier
aus der Prozeß in die tieferen Schichten bezw. in den Knochen vordringt.

Ueber die Häufigkeit der Tuberkulose des Ohres besitzen wir bisher
nur wenige einwandsfreie statistische Angaben, da die meisten Autoren
keinen strengen Unterschied gemacht haben zwischen den Ohrleiden.
welche in direkte Beziehung zur Allgemeinerkrankung gebracht werden
müssen. und solchen. welche durch andere Infektionsträger verursacht
wurden. Soweit Schlüsse aus den vorliegenden, verläßlichen Beobachtungen gestattet sind, muß man annehmen, daß tuberkulöse Entzündungen des Gehörorgans durchaus nicht zu den Seltenheiten gehören.
und daß dieselben besonders bei Männern im dritten und vierten De-
cennium angetroffen werden. Bei Kindern fällt das Maximum der Ohrtuberkulose in die ersten Lebensjahre, in denen der zarte Organismus
am meisten von den akuten Infektionskrankheiten, welche häufig die
Prädisposition für die Tuberkulose schaffen, heimgesucht wird.

Nach der jetzt durchgedrungenen ätiologischen Auffassung gehören
alle durch den Tuberkelbacillus im Gehörorgane hervorgerufenen Krankheitsprozesse zur Tuberkulose des Ohres. Das charakteristische Pro-
dukt der durch den Parasiten verursachten Gewebsveränderung ist der
Tuberkel. welchen zuerst VIRCHOW unter Berücksichtigung seiner histologischen Struktur als eine aus dicht gelagerten, epithelähnlichen Zellen

gebildete, gefäßlose, zur Verkäsung geneigte Neubildung bezeichnete. Zwischen den epitheloiden Zellen finden sich in den meisten Tuberkeln Riesenzellen, die mit den ersteren die centralen Teile des Knötchens bilden. Der reine Proliferationstuberkel ist wohl stets der Ausdruck einer abgeschwächten Virulenz der Bacillen. In Fällen von akuter Verlaufsart liegen die eben beschriebenen Zellherde so dicht aneinander gereiht oder sind in entzündliche Produkte derartig eingelagert, daß sie nicht mehr als Knötchen erscheinen; solchen Befunden entspricht die sogenannte tuberkulöse Infiltration. Hier treten exsudative Vorgänge nicht gerade selten auf. Werden die spongiösen oder kompakten Teile des Felsenbeins von der Tuberkulose ergriffen, so liegen die Tuberkelknötchen in der Regel in einem schwammigen, gefäßhaltigen Granulationsgewebe eingestreut.

Dem praktischen Bedürfnis wird es jedenfalls am meisten entsprechen, wenn wir die tuberkulösen Erkrankungen des Gehörorgans dem Sitze nach in solche des äußeren, mittleren und inneren Ohres einteilen. Dem klinischen Verlaufe nach unterscheiden wir eine akute und eine chronische Form. Was die Art der Entstehung anbelangt, so handelt es sich in den weitaus meisten Fällen um eine sekundäre Infektion des Organs im Anschluß an eine primäre Tuberkulose der Lymphdrüsen des Halses und des Darmkanales bezw. der Lungen und des Nasenrachenraumes. Oft ist sie eine Teilerscheinung der Allgemeintuberkulose, die fast ausschließlich durch ein Uebergreifen tuberkulöser Herde auf die Gefäßwände und einen Einbruch in die Blutbahn zustande kommt. Der specifische Prozeß kann aber auch hier zunächst lokal und primär auftreten. Wir erinnern an dieser Stelle nur an die sogenannte circumskripte Knotentuberkulose des Ohrläppchens (Haug). Auch die Möglichkeit des Eindringens der Tuberkelbacillen in das Mittelohr durch alte Trommelfellperforationen ist nicht vollständig von der Hand zu weisen. Eine primäre Tuberkulose des Schläfebeins wird nur in ganz ungewöhnlichen Fällen auf eine Infektion zurückzuführen sein, welche von einer frischen Wunde des Warzenfortsatzes oder des Schuppenteiles aus erfolgt. Gewiß häufiger, als bisher von den meisten Pathologen zugegeben wurde, handelt es sich besonders bei Kindern im frühesten Alter um eine vorläufig latente, kongenitale Bacillenübertragung, welche von Baumgarten (23) mit aller Entschiedenheit verfochten wurde und nach den Untersuchungen von Johne (24), Malvoz-Brouvier (25), Birch-Hirschfeld (26), Schmorl (27) und Kockel (28) nicht mehr in Abrede gestellt werden kann.

Die tuberkulösen Erkrankungen des äußeren Ohres.

Das äußere Ohr wird nicht gerade selten von der Tuberkulose in Mitleidenschaft gezogen, und zwar tritt sie hier hauptsächlich in vier verschiedenen Formen auf, unter dem Bilde des Lupus vulgaris, der circumskripten Knotentuberkulose des Unterohres, der tuberkulösen Perichondritis und des einfach tuberkulösen Hautgeschwüres. Am häufigsten wird das Vorkommen des Lupus an der Ohrmuschel beobachtet. Entweder handelt es sich hierbei um ein Uebergreifen dieser ungemein hartnäckigen Hauterkrankung vom Gesichte her, oder das äußere Ohr kann zuerst und allein vom Lupus befallen werden. Wie an den übrigen Körperstellen, so ist auch hier der ganze lupöse Prozeß in der Regel von langer Dauer. Die Knötchen liegen zunächst in der Tiefe der Haut, überragen die Oberfläche derselben nicht und sind von hellbrauner bis braunroter Färbung (Lupus maculosus). Erst später treten sie deutlicher hervor und sind von einer glatt gespannten, glänzenden Epidermis überzogen (Lupus prominens). Während es in der Mitte des Krankheitsherdes durch ein Verschmelzen benachbarter Knötchen zu größeren, mannigfach gestalteten Infiltraten kommt, erscheinen am Rande immer wieder jüngere Eruptionen. Im weiteren Verlaufe kommt es nun stets zu regressiven Vorgängen. Die Neubildungen verlieren ihre frühere Derbheit, die Oberhaut schuppt sich ab, die Haut sinkt an den ergriffenen Stellen ein und hinterläßt nur eine atrophische, glänzende Narbe (Lupus exfoliativus).

In zahlreichen Fällen jedoch tritt ein rascher Zerfall der Infiltrate ein, es entwickelt sich ein lupöses Geschwür (Lupus exulcerans). Dieses ist zwar scharf abgesetzt, aber im Beginn nur wenig oder gar nicht vertieft, ja manchmal ist der Geschwürsgrund sogar über das normale Hautniveau erhaben und wird von stark wuchernden, schwammigen, leicht blutenden Granulationen bedeckt. Die Hauptgefahr dieser Geschwüre, welche nur eine geringe Neigung zur Heilung zeigen, liegt darin, sich in die Tiefe auszubreiten. Durch ein Uebergreifen des Ulcerationsprozesses auf das Perichondrium kommt es zur Nekrose sowie zur Ausstoßung von Knorpelteilen und hierdurch zu den beträchtlichsten Entstellungen. So sah GRUBER (29) Kranke, welche auf diese Weise die ganze Ohrmuschel samt dem knorpeligen Gehörgange verloren hatten, und das Lupusgeschwür noch seine zerstörende Wirkung in der Haut des knöchernen Gehörganges und am Trommelfell fortsetzte. Bei anderen Patienten dagegen war es zu einem Verschluß des äußeren Gehörganges oder zu einer regelwidrigen Verwachsung der Ohrmuschel mit der Seitenwand des Schädels gekommen.

Am Ohrläppchen ruft der Lupus relativ oft erhebliche Wucherungsvorgänge im kutanen und subkutanen Bindegewebe hervor und führt hier zu förmlichen elephantiastischen Bildungen (Lupus hypertrophicus), so daß der Lobulus zu einem mächtigen, bis walnußgroßen Tumor heranwachsen kann.

Wohl zu unterscheiden von dieser gleichmäßigen, lupösen An-
schwellung des Ohrläppchens ist die circumskripte Knotentuberkulose des Unterohres. Wir haben es hier mit einer tuberkulösen
Neubildung zu thun, welche „mit besonderer Vorliebe den Lobulus zum
Sitz erwählt, dortselbst in Form eines umschriebenen Knotens sich in
jahrelanger, langsamer Entwickelung aus der Subcutis bildet, ohne die
bedeckende Haut wesentlich zu alterieren" (HAUG, 30).

Den ersten derartigen Fall verdanken wir von EISELSBERG (31).
Dieser Gewährsmann entfernte bei einem 16-jährigen, vollständig gesunden Mädchen einen etwa haselnußgroßen, mäßig harten, gegen die
Umgebung scharf abgegrenzten, blauroten Tumor, welcher sich allmählich aus einer mittels einer gewöhnlichen, mit schwarzem Zwirn
armierten Nadel ausgeführten Stichwunde des linken Ohrläppchens heran-
gebildet hatte. Die mikroskopische Untersuchung des Knotens ergab
ein kleinzelliges Infiltrationsgewebe mit spärlichen, Tuberkelbacillen ent-
haltenden Riesenzellen.

HAUG (32) teilte weitere fünf Fälle mit, welche er sowohl einer
eingehenden klinischen als auch pathologisch-histologischen Untersuchung
unterzog, auf Grund deren er ein genaues Bild dieser eigenartigen
Lokalaffektion der Ohrmuschel entwarf. Seine Patienten gehörten insgesamt dem weiblichen Geschlechte an. Mit Ausnahme des ersten,
20 Jahre bestandenen Falles waren bei allen übrigen Kranken Narben
oder noch Stichkanäle von Ohrringen vorhanden, von denen aus der
Anstoß zur Entwickelung der Geschwulst gegeben wurde. Diese bestand immer aus einer haselnuß- bis wallnußgroßen, mäßig derben,
knolligen Einlagerung, die von völlig normaler Cutis oder von ver-
dünnter, livide verfärbter Haut überkleidet war. Nie ließen die Knoten
einen geschwürigen Zerfall erkennen. Histologisch boten sie die charakteristischen Merkmale der Tuberkulose dar. Besonders beachtens-
wert an diesen Fällen ist die Thatsache, daß die Infektion durch die
Ohrringkanäle stattfand, sei es nun, daß an den Gehängen selbst oder
den zur Offenhaltung des Loches benützten Fäden Tuberkelbacillen
hafteten, oder bei den späterhin wiederholten Reizungen des Kanales
die specifischen Krankheitserreger auf der leicht secernierenden Wund-
fläche sich niederschlagen und zur Entwickelung gelangen konnten.
Nicht unberechtigt erscheint aber auch die Annahme, daß die einwir-
kende Gewalt hier die Ansiedelung von etwaigen, vereinzelt im Blute
kreisenden Tuberkelbacillen begünstigt hat. Als Ursache für die Eigen-
artigkeit des Verlaufes dieser Erkrankung führt HAUG außer der verschiedenen Virulenz der Keime und dem relativ guten Gesundheitszustand der Patienten auch noch den Umstand an, daß das verhältnismäßig straffe Gewebe dieses peripheren, den äußeren Witterungsein-
flüssen fortwährend ausgesetzten Körperteiles auf das Wachstum der
Bacillen notgedrungen eine ungünstige Einwirkung ausüben muß.

Die Perichondritis tuberculosa. deren Kenntnis wir ebenfalls HAUG (33) verdanken, befällt mit Vorliebe hereditär belastete und sonst tuberkulös erkrankte Personen. Meist war einige Wochen vorher ein Trauma vorausgegangen. Gleich der gewöhnlichen Knorpelhautentzündung beginnt auch sie im Gehörgangseingang gern hinter dem Tragus in Form einer ganz leichten Röte und Schwellung, ohne einen wirklich intensiven Schmerz. Gleichmäßig oder in subakuten Nachschüben bildet sich eine hochgradige Verdickung und Infiltration aus. So kommt es gewöhnlich in einer oder an mehreren physiologischen Vertiefungen. aber auch an der Rückseite der Muschel zu wulstigen Erhabenheiten von teigiger Konsistenz. Eröffnet man einen solchen Wulst, so entleeren sich geringe Spuren eines mißfarbigen, krümeligen Eiters. die Höhle selbst ist völlig mit graurötlichen Granulationen oder kleinen zottenartigen Auswüchsen angefüllt. Der freiliegende Knorpel ist zum Teil rauh, zum Teil schon nekrotisch. Beim Spontandurchbruch bilden sich Fisteln mit fungösen Wucherungen, aus denen bisweilen kleine Knorpelstücke ausgestoßen werden. Die benachbarten Lymphdrüsen sind gleichzeitig mitergriffen. Histologisch fand sich in den oberflächlichen Hautschichten eine diffuse Rundzelleninfiltration. Je weiter man aber in die Tiefe vorrückte. desto zahlreicher wurden überall noch gut färbbare Endothelzellenballen, welche von einem äußerst dichten Rundzellenmantel umgeben waren. Nirgends stieß man auf eine centrale Verkäsung. Im Eiter wurden spärliche Tuberkelbacillen nachgewiesen.

Neben diesen drei Hauptformen der am äußeren Ohre sich entwickelnden Tuberkulose werden. wenngleich ziemlich selten, auch ein- fach tuberkulöse Hautgeschwüre beobachtet, welche sich ohne eine vorhergehende auffällige Infiltration nur langsam vergrößern. Einen hierher gehörigen Fall teilt von DÜRING (34) mit, der deswegen bemerkenswert erscheint, weil auch bei dieser Kranken die Lokal- bezw. Allgemeininfektion angeblich durch das Tragen von Ohrringen einer an Schwindsucht verstorbenen Freundin verursacht war. Die mikroskopische Untersuchung von Granulationen, welche mit dem scharfen Löffel aus einer die Durchbohrungsstelle des linken Ohrläppchens umgreifenden Ulceration entfernt wurden. ergab die Anwesenheit von Tuberkelbacillen. Ein Uebergreifen tuberkulöser Geschwüre, welche verkästen Lymphdrüsen der oberen seitlichen Halsgegend unmittelbar aufsaßen, auf die Rückfläche des Lobulus sah Verfasser bei 2 Patienten im zartesten Kindesalter. Ganz kurz sei auch hier daran erinnert, daß gleichfalls bei Mittelohrtuberkulose entweder von der Paukenhöhle her oder vom Boden des Antrum mastoideum aus der specifische Prozeß auf die häutige Auskleidung des knöchernen Gehörgangs fortgeleitet werden kann.

Die Diagnose der tuberkulösen Erkrankungen des äußeren Ohres

kann in manchen Fällen, besonders im Beginn des Leidens, mit
nicht unwesentlichen Schwierigkeiten verbunden sein. Dies gilt vor
allem von der Knotentuberkulose des Unterohres, welche von gewissen
Fibromarten kaum zu unterscheiden ist, sowie auch von der specifischen
Knorpelhautentzündung. Um nicht Wiederholungen anheimzufallen, sei
hier nur kurz darauf aufmerksam gemacht, daß wir in erster Linie
unser Augenmerk dem Allgemeinzustand des Patienten zuzuwenden
haben, d. h. nach einer eventuellen hereditären Belastung, nach skrofulösen Drüsen- und Augenaffektionen oder nach tuberkulösen Prozessen in den Lungen und den Knochen forschen müssen. Die sicherste
Bestätigung wird die Diagnose natürlich durch den Nachweis von Tuberkelbacillen im Geschwürssekret oder in entfernten Gewebsstückchen
finden.

Die Prognose ist im allgemeinen günstig zu stellen.

Die vollkommenste Behandlung besteht in der operativen Entfernung der erkrankten Partien. Eine Keilexcision mit nachfolgender
Naht hat bei der circumskripten Knotentuberkulose des Lobulus bisher
stets zu einer Heilung per primam geführt. Die Therapie der Perichondritis tuberculosa besteht in breiter Eröffnung der wulstigen Erhabenheiten, in der Entfernung eines Teiles der Wandung und im sorg-
fältigen Auskratzen aller fungösen Granulationen. Eine gewissenhafte
Drainage mit Jodoformgaze verbürgt in 3—6 Wochen bei einer verhältnismäßig geringfügigen Verunstaltung der Ohrmuschel einen guten
Erfolg. Wünschenswert ist gleichfalls die Mitnahme der benachbarten,
palpablen Lymphdrüsen. Schon seit langer Zeit gilt ja auch die Exstirpation des Lupus vulgaris als ideale Methode. Von der größten
Bedeutung für den Erkrankten aber ist es, wenn am Ohr sein Leiden
so früh als möglich als Lupus erkannt wird, da beim Vorhandensein
eines nur kleinen, umschriebenen Herdes die technischen Schwierigkeiten der Excision wohl noch zu überwinden sind. Von den außerordentlich zahlreichen, gegen den Lupus empfohlenen Aetzmitteln sei
hier nur kurz des Arsenik, der Pyrogallussäure und des Argentum
nitricum, unter den mechanischen Behandlungsmethoden der multiplen,
punktförmigen Scarifikation und der Auskratzung mit dem scharfen
Löffel gedacht. Innerlich wurden von jeher Eisen, Arsenikpräparate
und Leberthran mit Erfolg gegeben.

Die Tuberkulose des Mittelohres.

Ein Eindringen des Tuberkelbacillus in die Mittelohrräume erfolgt
auf dreierlei Art, erstens durch ein Hineinschleudern der infektiösen
Massen durch die Ohrtrompete auf die vielleicht schon katarrhalisch
geschwellte Paukenschleimhaut, zweitens auf dem Wege des Lymph-
bezw. Blutstroms und drittens durch ein Weiterschreiten tuberkulöser

Prozesse der Nase, des Nasenrachenraumes oder des äußeren Ohres auf die Trommelhöhle. Möglich, wenn auch kaum wahrscheinlich, ist eine Invasion der KOCH'schen Bacillen von außen her durch bereits bestehende Perforationen des Paukenfells.

Der erste Weg ist der weitaus häufigste. Bei Tuberkulösen ist ja anerkanntermaßen die Tuba Eustachii durch den Verlust ihres an der lateralen Wand angehäuften Fettpolsters außerordentlich weit, so daß sehr leicht bei den verschiedenen Expirationsbewegungen, bei krampfartigem Husten, beim Schneuzen und Niesen Auswurfsteilchen in die Paukenhöhle getrieben werden können. Daß der Nasenrachenraum ein Liegenbleiben von Auswurfsstoffen begünstigt, geht schon daraus hervor, daß E. FRÄNKEL (35) an den Leichen von 50 Phthisikern 10 mal tuberkulöse Geschwüre an dieser Stelle beobachtete.

Weitaus seltener führt die Blutbahn die Keime ins Mittelohr. In erster Linie stoßen wir auf diese Infektionsart bei skrofulösen Individuen, vor allem bei Kindern, bei welchen die Aufnahme des Tuberkelgiftes nicht durch die Atmungsorgane, sondern von der Schleimhaut des Digestionsapparates aus erfolgte. Durch die Tonsillen sowie durch die lymphatischen Follikel des Zungengrundes und der hinteren Rachenwand können die Krankheitserreger in die Lymphdrüsen des Unterkiefers und des Halses eindringen, oder ihre Aufnahme kommt erst im Darmkanale zustande, von wo aus sie mit dem Lymphstrom in die Mesenterialdrüsen gelangen, die ihrerseits wieder in Form der skrofulösen Lymphdrüsentuberkulose erkranken. Die Infektionskeime, welche auch dieses Filter passieren, gelangen entweder mit dem Pfortaderstrom direkt zur Leber oder mittels des Ductus thoracicus in das Strombett der oberen Hohlvene und führen so zu einer massenhaften Entwickelung miliarer Tuberkel in zahlreichen Organen. Sowohl in der zarten Schleimhaut als auch in den knöchernen Wandungen des Mittelohres kann der Tuberkuloseparasit zuerst sich ansiedeln und weiter entfalten.

Am seltensten wird durch direkten Kontakt eine Infektion der Mittelohrräume erfolgen. Daß in manchen Fällen ein Uebergreifen eines Lupus des äußeren Ohres auf die Paukenhöhle zustande kommt, haben wir bereits früher erwähnt. Daß es aber auch im Gefolge eines Schleimhautlupus des Rachens zu einer tuberkulösen Panotitis kommen kann, geht aus der Mitteilung GRADENIGO's (36) hervor. Bei diesem Kranken hatte sich die lupöse Neubildung vom Pharynx aus durch die Ohrtrompete hindurch zum mittleren Ohre ausgebreitet und zu einer Zerstörung des Trommelfells und der Gehörknöchelchen geführt. Selbst das Labyrinth blieb nicht verschont. Auch BRIEGER (37) glaubte bei einigen Patienten eine direkte Propagation lupöser Herde im Bereiche des Nasenrachenraumes entlang der Tuba nach dem Mittelohr beobachtet zu haben, während SCHWARTZE (38) in der Deutung derartiger

Fälle zur Vorsicht mahnt und die Meinung vertritt, daß beide Lokalerkrankungen nur Teilerscheinungen derselben Allgemeininfektion sind.

Die pathologisch-anatomischen Veränderungen, welche der Tuberkelbacillus im Mittelohr hervorruft, sind mannigfacher Art und richten sich, abgesehen von der Virulenz des Infektionsträgers, vor allem nach der Dauer des Leidens und dem jeweiligen Kräftezustand des Kranken. Ihre Kenntnis verdanken wir wertvollen anatomischen Beiträgen von VIRCHOW, TOYNBEE, ZAUFAL, VON TRÖLTSCH, SCHWARTZE, POLITZER, BEZOLD, KÖRNER und anderen, besonders aber eingehenden histologischen Studien von HABERMANN, BARNICK und SCHWABACH, denen sich je ein Fall von GOMPERZ (39) und HÄNEL (40) anreihen. Nach den bisherigen Untersuchungen können wir zwei Formen von Tuberkulose der Paukenhöhle unterscheiden, eine akute und eine chronische. Die erste, welche auch als infiltrierte bezeichnet wird, entsteht entweder infolge einer massenhaften Ueberschwemmung des Blutes durch reichliche Bacillen, oder tritt bei sehr herabgekommenen Individuen in den letzten Lebenswochen im Anschluß an eine tubare Infektion auf. Der Ausdruck vollvirulenter, örtlicher Einwirkung ist eine zur Verkäsung neigende, exsudative Entzündung mit meist diffuser, zelliger Infiltration der Schleimhaut, an die sich eine rasche Entwickelung der Knötchen anschließen kann. Noch ehe der oberflächliche Zerfall der erkrankten Gewebe, in denen sich zahlreiche Tuberkelbacillen, aber nur spärliche Riesenzellen vorfinden, bis zum Knochen vorgedrungen ist, macht der Tod einem weiteren Fortschreiten der Zerstörung ein Ende. Mit der chronisch verlaufenden Form der Mittelohrtuberkulose müssen wir uns etwas eingehender beschäftigen.

Das Mittelohr stellt einen lufthaltigen Hohlraum dar, welcher vorn medial durch die Tuba Eustachii mit dem Nasenrachenraume in Verbindung steht, und nach hinten lateralwärts durch den Aditus ad antrum mit den Zellen des Warzenfortsatzes zusammenhängt. Alle luftführenden Räume sind von einer zarten, mit der dünnen periostalen Schicht fest verbundenen Schleimhaut überzogen. In dieser findet in der Regel die erste Ansiedelung des Tuberkuloseparasiten statt.

Was die pathologisch-anatomischen Veränderungen der Ohrtrompete anbelangt, so zeigen beide Abschnitte derselben ein auffallend verschiedenes Verhalten. Sämtliche Beobachter stimmen darin überein, daß die Zeichen der Tuberkulose im knorpeligen Teile viel seltener angetroffen werden, und auch weniger hochgradig sind als in der Tuba ossea. Dieser Umstand ist darauf zurückzuführen, daß das infizierende Agens leicht durch das klaffende Anfangsstück über den Isthmus hinausgeschleudert wird und erst in diesem Abschnitt der starrwandigen Höhle liegen bleibt, um später seine zerstörende Wirkung auszuüben. Wir finden im knorpeligen Anteil meist nur eine geringe diffuse, entzündliche Infiltration der oberflächlichen Schichten der Schleimhaut vor. In der Mucosa der knöchernen Ohrtrompete nimmt dann die Schwellung und Rundzellenanhäufung bedeutend zu. Die sich hier erhebenden, feinen, longitudinalen Falten springen als zottenartige Wülste weit in das Lumen des Kanals herein und bergen in ihrem Innern dicht gelagerte, miliare Knötchen von typischem Bau mit zahlreichen LANGHANS-schen Riesenzellen. Hier und da bietet ein älterer Herd eine centrale Verkäsung, zuweilen auch eine oberflächliche Exulceration dar.

Noch abwechslungsreicher gestaltet sich das histologische Bild in der Paukenhöhle.

An der vorderen Wand, welche in ihrer oberen Hälfte durch das tympanale Ende der Tuba begrenzt wird, wiederholen sich dieselben krankhaften Erscheinungen, wie wir sie soeben kennen gelernt haben. Der unteren Hälfte liegt unmittelbar der Carotiskanal an. Hier ist das trennende Knochenblatt nicht selten dünn oder von größeren Dehiscenzen durchsetzt, ein Umstand, der uns die drohende Gefahr einer Carotis-blutung erkennen läßt, wie sie uns von HESSLER (41), MOOS-STEIN-BRÜGGE (42). POLITZER (43) und anderen berichtet werden. Schon JOLLY (44) fand unter 8 Carotisarrosionen 6 mal Tuberkulose als Ur-sache. Nur in einem der Fälle konnte die Blutung durch Unterbindung der Arterie gestillt werden, doch erfolgte $2^1/_2$ Monate später der Tod an Phthisis pulmonum. (Mitgeteilt von BROCA in der Sitzung de la Société de Chirurgie vom 25. April 1866.)

Die laterale Wand scheidet die Paukenhöhle vom Gehörgang und wird durch das Trommelfell gebildet. Hier beschränkt sich die tuber-kulöse Infiltration besonders auf das Stratum mucosum, während die fibröse Schicht verhältnismäßig nur wenig am Krankheitsprozesse teil-nimmt. Bei längerer Dauer tritt aber immer ein geschwüriger Zerfall des Schleimhautüberzuges ein, auch die Bindegewebsbündel der Grund-membran werden zum Schwund gebracht, endlich erliegt selbst die Epidermislage dem Ansturme der vordringenden Rundzellen, und wir haben einen typischen Trommelfelldurchbruch vor uns, welcher sich durch Verschmelzung anderer Knötchen überaus schnell vergrößern kann. Sind gleichzeitig oder kurz hintereinander mehrere Stellen der Membran erkrankt, so bilden sich mehrere Perforationen. Am hoch-gradigsten ist in der Regel die entzündliche Infiltration an den so-genannten TRÖLTSCH'schen Falten, so daß die vordere und hintere Trommelfelltasche sowie der PRUSSAK'sche Raum fast ausnahmslos von käsigen Detritusmassen ausgefüllt erscheinen.

Auch am Paukendach und an der lateralen Labyrinthwand stoßen wir in der Regel auf eine ausgesprochene entzündliche Schwellung der Mucosa, welche von kleinen Knötchen mit einem dichten Rundzellen-mantel durchsetzt ist. Das submucöse Gefäßnetz ist durchweg kolossal erweitert und mit Blut strotzend gefüllt: die festgefügten, der Knochen oberfläche parallel verlaufenden Faserzüge der periostalen Lage sind in den höher gelegenen Partien zumeist noch wenig in Mitleidenschaft gezogen. Am Promontorium aber ist oft schon eine tiefgehende, bis zum Knochen reichende Zerstörung der Schleimhaut nachzuweisen. Die Labyrinthkapsel selbst ist zuweilen oberflächlich angenagt. Die Nische des Schnecken- und Vorhoffensters sind nicht selten durch dicke Granulationspolster verlegt, die sich teilweise schon zu Bindegewebe organisiert haben. Unmittelbar über der hinteren Hälfte der Fenestra ovalis setzen sich dann die entzündlichen Wucherungen durch eine Dehiscenz im kompakten Knochenkanal des Facialis gern auf die Scheide des Nerven fort. Die Sehne des Trommelfellspanners ist in den meisten Fällen zerstört.

Die untere und hintere Wand der Paukenhöhle zeigen im großen und ganzen dieselben krankhaften Veränderungen.

Bei dem innigen Zusammenhang, welcher zwischen der Schleimhautauskleidung der Trommelhöhle und den lufthaltigen Räumen des Warzenfortsatzes besteht, ist es erklärlich, daß auch der Aditus, das Antrum und die übrigen pneumatischen Zellen an der tuberkulösen Erkrankung teilnehmen. Da wir ferner wissen, daß im keineswegs geräumigen Kuppelraum die Hauptmasse der Gehörknöchelchen mit ihren Bändern und Schleimhautfalten untergebracht ist, so wird bei den sich hier abspielenden entzündlichen Prozessen der an und für sich schon enge Attic ganz verlegt werden, und der im Kuppelraum gebildete Eiter wird hier zurückgehalten. Als erste Folge der Eiterstauung tritt eine Periostitis, dann eine Caries der Gehörknöchelchen auf, die in der Regel zuerst den langen Ambosschenkel, später den Amboskörper und Hammerkopf befällt, ja selbst die Gelenkflächen beider nicht verschont, welche sonst relativ selten erkrankt gefunden werden. Besonders gefährlich aber ist ein Fortschreiten der Tuberkulose auf das Dach und die mediale Wand des Kuppelraumes. Durch die Trennungslinie des Felsen- und Schuppenteils zieht ein gefäßhaltiger Fortsatz der Dura zum Aditus, und seine innere Wand wird von einem elfenbeinharten, der Labyrinthwand angehörenden Knochenwulst gebildet, in welchem der ampullare Schenkel des lateralen Bogenganges steckt: die anatomische Lage dieser Teile bedingt es, daß von hier aus leicht eine intracranielle Komplikation ausgelöst werden kann.

Ganz allmählich setzt sich der charakteristische Krankheitsprozeß nach hinten zu auf das Antrum mastoideum fort. In früheren Stadien der Erkrankung ist nur die Oberfläche der Schleimhaut des größten pneumatischen Hohlraumes des Warzenfortsatzes sowie der nächst angrenzenden Zellen in Mitleidenschaft gezogen, während man in den tieferen Schichten der stark verdickten Mucosa nur einzelne miliare Herde findet, die, wie HABERMANN annimmt, wahrscheinlich durch Fortleitung der Tuberkelbacillen in den Lymphbahnen von der käsig zerfallenen Oberfläche her sich gebildet haben. In ihrem weiteren Ver-

laufe führt die Tuberkulose aber fast regelmäßig eine ausgebreitete
Rarefikation des darunterliegenden Knochens herbei, größere oder
kleinere Bezirke werden vollständig abgetötet. Caries und Nekrose
kombinieren sich in mannigfacher Weise und verursachen Zustände.
welche wir als Caries necrotica bezeichnen. Die häufige Ursache dieser
Erscheinung ist bedingt durch den Bau und die Lage der Warzenzellen
zu einander, welche die Eiterretention bei Entzündungen der mucös-
periostalen Auskleidung derselben in hohem Grade begünstigt. Auf
diese Weise erkrankt ein Hohlraum nach dem anderen. Verursacht
durch die Ansammlung eingedickter Käsemassen bezw. durch enorme
Granulationswucherungen kommt es zu einem fistulösen Durchbruch
der hinteren oberen Gehörgangswand, welche zugleich die äußere vordere
Begrenzung des Antrum darstellt, oder die entzündlichen Wucherungen
durchsetzen die äußere Knochenschale des Zitzenfortsatzes und führen
zu einem subperiostalen Abceß hinter der Ansatzstelle der Ohrmuschel.
Macht der Tod dem bejammernswerten Zustand des Patienten nicht
früher ein Ende, so werden alle Zellen der Spitze sowie die horizontalen
Schuppenzellen, welche den äußeren Gehörgang überdachen und sich
bis in die Wurzel des Jochfortsatzes hinein erstrecken können, in die
Zerstörung mit einbezogen. Je nach der Ausdehnung der pneumatischen
Räume schieben sich graurote, cariöse und nekrotische Knochenbälkchen
umschließende Granulationsherde bis tief in die Felsenbeinpyramide vor
oder bis weit nach hinten zur häutigen Wand des großen Hirnquerblutleiters.

Etwas anders liegen die Verhältnisse bei den tuberkulösen Ostitiden
des Warzenfortsatzes. Bekanntlich gehen in betreff dieser Affektion
die Meinungen der Chirurgen und Ohrenärzte nicht unwesentlich aus-
einander. KÜSTER (45) präcisiert seinen Standpunkt in folgender Weise.
Gerade so wie bei einem tuberkulösen Gelenksleiden das Vorhandensein
eines käsigen Herdes mit oder ohne Sequester für die primär ossale
Form charakteristisch wäre, seien auch solche Käseherde in den Zellen
des Warzenfortsatzes für die primäre Tuberkulose dieses Knochenteiles
geradezu typisch. Bei der außerordentlichen Häufigkeit der Knochentuberkulose, auch am Schädel, könnte es nicht überraschend erscheinen,
wenn der Zitzenfortsatz nicht selten primär erkrankte. Wenn wir auch
KÜSTER nicht vollständig beipflichten können, vielmehr mit aller Entschiedenheit an der Anschauung festhalten, daß der tuberkulöse Prozeß
in den meisten Fällen zuerst die Schleimhautoberfläche befällt, und erst
von hier aus in den Knochen vordringt, so hat er doch das Verdienst,
in nachdrücklichster Weise darauf aufmerksam gemacht zu haben, daß
das Leiden auch als tuberkulöse Ostitis des Schläfebeins beginnen kann.
Wie aus den Untersuchungen BARNICK'S hervorgeht, ist die richtige
Erkenntnis des Grundübels deshalb so erschwert, weil wir nur selten
Gelegenheit haben, diese Krankheitsfälle von ihrem ersten Beginn an

zu beobachten. Das ist aber unbedingt erforderlich, weil in späterer
Zeit die Erkrankung beider Gewebe oft unmittelbar ineinander übergeht, so daß ein Auseinanderhalten nicht mehr möglich ist.

Die primär ossale Form der Tuberkulose des Schläfebeins kann
sowohl im Knochenmark als im Periost beginnen. Wohl ganz un-
gewöhnlich ist die Infektion durch eine frische Wunde. Wie bei der
primären Erkrankung anderer Knochen, handelt es sich auch hier jedenfalls immer um vereinzelte Bacillen, welche auf dem Wege der Blut-
und Lymphbahn in jene Organe gelangen. Hier ruhen sie längere Zeit,
ohne eine bemerkenswerte Störung im Organismus hervorzurufen und
besiegen erst dann den Wachstumswiderstand der Gewebe, wenn diese
in ihrer Vitalität durch schädigende Einflüsse herabgesetzt werden.
Nach Versuchen YERSIN's (46) können schon leichtere Störungen, welche
sich vielleicht nur in einer Cirkulationsverschlechterung äußern, solche
lokale Ansiedelungen begünstigen, und SCHÜLLER (47) sah erst dann
bei seinen infizierten Tieren eine tuberkulöse Gelenk- und Knochenaffektion entstehen, wenn die normale Beschaffenheit des Teiles durch
Verletzungen verschlechtert war.

Die tuberkulösen Ostitiden des Warzenfortsatzes treten besonders
bei jugendlichen Individuen auf und sind eine Erscheinungsform der
erblich übertragenen und der in frühester Kindheit erworbenen Infektion, indessen können sie sich auch noch in höherem Alter einstellen.
Der Beginn der Tuberkulose ist durch die Entwickelung eines oder
einzelner grauroter Herde gekennzeichnet. Liegt der Granulationsherd
central, so kann die Krankheit eine Zeit lang völlig latent bleiben.
Während das Centrum des tuberkulösen Entzündungsherdes der Verkäsung anheimfällt, schreitet in der Peripherie die tuberkulöse Wucherung
fort. Sind in dieser Periode die Knochenbälkchen noch nicht zerstört,
so werden sie im Verkäsungsbezirke nekrotisch. Bei langsamem Wachstum können sie im Granulationsherde ganz resorbiert werden. Manche
Fälle sind durch reichliche Granulationswucherungen ausgezeichnet, in
welchen wieder tuberkulöse Herde von charakteristischem Bau auftreten.
Oft gesellt sich Eiterung hinzu, das Knochengewebe wird durch lacunäre
Resorption beseitigt, manchmal kommt es auch zur Nekrose größerer
Knochenpartien (Caries necrotica). Wir haben in diesem Stadium eine
Höhle oder Kloake vor uns, welche von Granulationsgewebe umschlossen
ist, und in deren Innern ein mehr oder weniger vollkommen gelöster
Sequester liegt, welcher von käsig-eiterigen Massen umspült wird. Dringt
die Tuberkulose in die Nähe des Periostes vor, so kommt es hier eines-
teils zur reaktiven Knochenneubildung, andererseits greift die Infektion
auf die Knochenhaut und ihre Umgebung über, es bilden sich größere,
abgesackte, kalte Abscesse, welche wiederum mit zahlreichen Fistel-
gängen nach außen durchbrechen können. Auf diese Weise kommt es

zu ganz gewaltigen Zerstörungen des Schläfebeins, welche auch auf
den Keilbeinkörper und das Hinterhauptbein übergreifen können.
Soweit diese Knochenerkrankung die platten Teile des Schläfebeins
[Schuppe — KÖRNER (48) und BARNICK (20, S. 116), Außenwand des
Sulcus sigmoideus — KÖRNER (48)] befällt, führt sie zur perforierenden
Schädeltuberkulose, welche nicht selten mit Pachymeningitis sowie extraduralen Abscessen verbunden ist.
Rein tuberkulöse Mittelohrprozesse kommen äußerst selten und
dann nur in ganz akuten Fällen vor. Bei der weiten Verbindung,
welche zwischen der eiterig entzündeten Paukenhöhle und dem Nasenrachenraume bezw. dem äußeren Gehörgange besteht, stellt die Tuberkulose der Mittelohrräume nahezu regelmäßig eine Mischinfektion dar.
Ihren klinischen Erscheinungen und dem Verlaufe nach giebt es
eine ganz typische Form der Mittelohrtuberkulose, welche sich durch
ihren fast schmerzlosen Beginn, durch die rapide Abnahme des Gehörs
unter gleichzeitigem Eintritt eines dünnen, eiterigen Ausflusses sowie
durch die Neigung charakterisiert, in kurzer Zeit zu ausgedehnten
Zerstörungen des Gehörorgans zu führen. Man würde aber gewiß irren,
wenn man meinte, daß alle Fälle dieses unverkennbare Krankheitsbild
darbieten müßten.
Wir unterscheiden zwei Arten von Mittelohrtuberkulose, die akute
und die chronische. Erstere wird weit seltener beobachtet und kann
zu jeder Zeit und in jedem Stadium der tuberkulösen Allgemeininfektion sich einstellen. In der Regel aber tritt sie bei ausgesprochen
hochgradiger Lungenphthise als Begleiterscheinung der Tuberkelkachexie auf.
Das allerfrüheste Symptom, über welches jedoch die Kranken der
geringen Belästigung wegen selten oder gar nicht klagen, besteht in
mäßig starken, subjektiven Geräuschen. Dieselben entstehen entweder
infolge einer entzündlichen Schwellung der Mittelohrschleimhaut oder
auch durch ein abnorm weites Offenstehen der Ohrtrompete, welches
bei starker Herabsetzung des Ernährungszustandes fast regelmäßig
beobachtet wird. Unter Zunahme des dumpfen, nicht schmerzhaften
Gefühles kommt es auch zu einer oft recht bedeutenden Herabsetzung
der Hörschärfe, die besonders bei einseitiger Erkrankung längere Zeit
übersehen werden kann. Erst das anscheinend plötzliche, ohne jegliche
Vorboten einsetzende Auftreten eines eiterigen Ausflusses aus dem Ohr
macht die Patienten stutzig und führt sie zum Arzte.
Bei der Untersuchung findet man zumeist eine kleine Perforation
im Trommelfell, aus der sich eine reichliche Menge eines dünnen,
milchähnlichen Sekretes ergießt, welches das Spülwasser wolkig trübt.
Die Membran selbst ist stark abgeflacht, aber nur mäßig injiziert, von
rotgrauer, gelbgrauer bis gelblich-roter Verfärbung. Die Umrisse der
Hammerteile sind verschwommen, feine oberflächlich liegende Gefäßchen

ziehen durch die Deckschicht hin. Nach einiger Zeit bemerkt man, wie gleichzeitig oder kurz hintereinander ein oder mehrere umschriebene, gelblich-graue Flecken aufschießen; ihre Oberfläche verschwärt und nach verhältnismäßig kurzer Dauer zeigt das Trommelfell 2—3 Perforationen von einer außerordentlich destruktiven Tendenz. Nach einigen Tagen sind auch die, die einzelnen Lücken trennenden Bindegewebsstreifen zerstört, so daß entweder das ganze Trommelfell fehlt, und der widerstandsfähigere Hammergriff frei in die Paukenhöhle hereinragt, oder eine von seinem Ende zur Peripherie ziehende, schmale Brücke zwei fast die ganze vordere und hintere Hälfte der Membran einnehmende Defekte bildet. Schmerzen pflegen gewöhnlich auch während des ferneren Verlaufes der Krankheit spontan sich nicht einzustellen, oft zeigen aber die Patienten auch bei vorsichtig ausgeführter Reinigung des Ohres von dem fest anhaftenden Eiterbelag eine auffallende Empfindlichkeit. In der Regel nimmt später die Sekretion etwas ab, die vorliegende innere Paukenwand läßt nur auf eine geringe Reaktion schließen, auch das Hörvermögen kann sich manchmal bessern, wenn die ausgestoßenen, eingedickten Käsemassen die Gehörknöchelchenkette entlasten, und keine höhergradigen Veränderungen an den Fenstermembranen vorliegen. Die anscheinende Besserung im Ohr aber wird vollständig in den Hintergrund gedrängt durch schwere Aeußerungen der Allgemeinerkrankung. Profuse, diarrhöische Stühle, ausgedehnte, hämorrhagisch eiterige Exsudate in die Pleurahöhle oder andere schwere Komplikationen der Tuberkulose führen ein schnelles Ende herbei.

Folgende Krankengeschichte giebt uns ein anschauliches Bild einer akut verlaufenden Mittelohrtuberkulose.

Rosa K., 32-jähr. Köchin aus Graz.

Die Patientin ist hereditär belastet und war seit frühester Jugend stets kränklich. Vor 3 Jahren mußte sie sich wegen allgemeiner Schwäche und starken Hustens ins hiesige Krankenhaus aufnehmen lassen. Später besserte sich ihr Zustand etwas, aber seit Oktober 1897 befindet sie sich wieder wegen Lungenphthise auf der 2. med. Abteilung des Landesspitals. Seit einigen Jahren hat ihr Gehör etwas abgenommen. Pat. litt jedoch nie an einer Entzündung oder einem eiterigen Ausfluß aus dem Ohr.

Vor 3—4 Tagen verspürte die Kranke nach einem heftigen Hustenanfall ein dumpfes Gefühl im rechten Ohr, welches mit einem starken Sausen verbunden war. Die Hörschärfe nahm bedeutend ab. In der letzten Nacht gesellte sich ein mäßig starker, stechender Schmerz hinzu sowie etwas Kopfweh. Schwindel besteht nicht. Pat. kommt am 2. April 1898 zur Ohrenklinik wegen Wiederherstellung ihres Gehörs.

Die Untersuchung ergab folgendes:

$$R \underset{U}{\overset{W^{1)}}{>}} L$$

$\theta \left(\dfrac{U_s}{U_w} \right) +$ 0,30

$\dfrac{0,20\ St}{\dfrac{1}{\infty}\ Fl} \Big) \ 8,0$

$6''\ c_w\ 13''$

$-\ R\ +\ 16''$

$5''\ c$

$-26''\ c^4 - 11''$

$c - c^3 \quad H\ C_{-2} - c^6$

R. Trommelfell stark abgeflacht, graurot, von einzelnen kleinen Gefäßchen (durchzogen). Hammerteile verschwommeu.

L. Trommelfell grau, matt, glanzlos. Lichtkegel nicht angedeutet. Stärkere Randknickung und Trübung.

Nase: Schleimhaut blaßrot, ebenso die des weichen Gaumens auffallend blaß. Tubercul. pulmonum.

Auf Wunsch wurde die Paracentese ausgeführt. Im Ohreiter fanden sich reichliche Tuberkelbacillen mit Eiterkokken untermischt vor. Innerhalb 4 Wochen kam es zu einer rapideu Einschmelzung des Trommelfells ohne besondere Beschwerden. Der Tod trat am 18. Mai 1898 ein. Die path.-anat. Diagnose lautete: Tuberculosis chronica pulmonum et intestini. Pleuritis adhaes. chronica. Degeneratio adip. cordis, renum et hepatis. Otit. med. supp. dextra.

Die histologische Untersuchung des rechten Gehörorgans ergab eine hochgradige, diffuse Schwellung und Infiltration der Schleimhaut der knöchernen Ohrtrompete und der Paukenhöhle. An der lateralen Labyrinthwand stößt man auf eine oberflächliche Exulceration und Verkäsung der Mucosa, in den tieferen Schichten finden sich wohlcharakterisierte Miliartuberkel mit Riesenzellen vor. Die knöchernen Wandungen des Mittelohres sind nicht in Mitleidenschaft gezogen. Beide Fenstermembranen sind vollständig verlegt. Das Labyrinth erwies sich intakt.

Die chronische Form der Mittelohrtuberkulose tritt im Vergleich zu der akuten überaus häufig auf und setzt in der Regel bei Kranken ein, deren Allgemeinbefinden trotz einer vorhandenen Lungenaffektion ein noch verhältnismäßig gutes ist. Diese Leute husten zwar, klagen aber noch nicht über Nachtschweiße und eine auffallende Mattigkeit bei der Verrichtung ihrer Geschäfte. Auch sie führen den Beginn ihres Leidens fast ausnahmslos auf einen heftigen Hustenanfall zurück, der mit dem Gefühl eines knackenden Geräusches im Ohr verbunden war. Abgesehen von einem geringen Ohrensausen ist es in erster Linie wiederum die schnelle Abnahme des Gehörs und der Eintritt des typischen Ausflusses, welche die Aufmerksamkeit des Patienten erregen. Die rasch zunehmende Herabsetzung der Hörschärfe schon zu Beginn des tuberkulösen Prozesses erklärt sich aus den Widerständen im Schallleitungsapparate, welche hauptsächlich durch eingedickte Eitermassen in der Paukenhöhle besonders aber auch durch eine bedeutende

---

1) W = Weber, R = Rinne (normale Perceptionsdauer 36''), U = Uhr in Luftleitung, U_s = Uhr an der Schläfe, U_w = Uhr am Warzenfortsatz, St = Umgaugssprache, Fl = Flüsterstimme, c_w = LUCAE'sche Stimmgabel am Warzenfortsatz (normale Perceptionsdauer 16''), c_w = LUCAE'sche Stimmgabel vor dem Ohr (normale Perceptionsdauer 56''), c_4 = 43'' normale Perceptionsdauer.

H = Hörfeld. Dasselbe umfaßt Töne von 12—32768 Schwingungen in der Sekunde. Wir prüfen regelmäßig den Ton c von C_{-2} bis hinauf zu c^8. Außerdem stehen uns noch folgende tiefe Töne zur Verfügung: B_{-1} mit 56, F_{-1} mit 48, E_{-1} mit 40, F_{-2} mit 24 und F_{-3} mit 12 Schwingungen in der Sekunde.

Infiltration der Schleimhaut vornehmlich im Kuppelraum und in den Fenstern veranlaßt werden. Die Schmerzlosigkeit der Affektion liegt wohl hauptsächlich in der langsamen Entstehungsweise der zahlreichen umschriebenen Knötchen und deren allmählichem, käsigem Zerfall. Stellen sich im Verlaufe der Krankheit Schmerzen ein, so handelt es sich wohl immer um eine Mischinfektion, welche ja zu jeder Zeit leicht erfolgen kann. Inwieweit die von BEZOLD wiederholt betonte Reaktionslosigkeit des phthisischen Organismus hierbei eine Rolle spielt, wagt Verf. nicht zu entscheiden. Ist der Kräftezustand der Kranken noch ein relativ guter, so geht die Zerstörung des Trommelfells in gewohnter Weise, aber viel langsamer vor sich. Es tritt zuweilen eine vorübergehende Sistierung der Sekretion ein, vielleicht kann sogar einmal ein Verschluß der Lücke durch Narbenbildung erreicht werden; jahrelang können diese leichten Formen bestehen, ohne weiter fortzuschreiten. SCHEIBE (49) teilt sechs hierher gehörige Fälle mit, deren Krankheitsbild annähernd dem einer gewöhnlichen chronischen Mittelohreiterung gleicht, nur mit dem Unterschied, daß für die großen Defekte am Paukenfell keine rechte Ursache nachzuweisen war. Hierzu kam noch, daß das Gehör sich etwas mehr als gewöhnlich herabgesetzt zeigte, und daß endlich die Otorrhöe hartnäckig allen Behandlungsmethoden trotzte. Dann und wann machten sich sogar Heilungsvorgänge in der Paukenhöhlenschleimhaut bemerkbar. Man nahm meist am Promontorium oder in der Nähe des Tubenostium unter zunehmender Eiterung einen grauen, fibrinähnlichen Belag wahr, welcher sich deutlich gegen die stärker gerötete Umgebung abhob und sich von seiner Unterlage schwer loslösen ließ. Nach 2—3 Wochen wurde der Belag von aufschießenden Granulationen allmählich verdrängt, die entzündlichen Wucherungen schrumpften ein und überzogen sich vom Rande her mit Epidermis. Sowohl im Ohrreiter wie im Innern der grauen, erhabenen Auflagerung wurden Tuberkelbacillen nach gewiesen. Nur einmal wurde eine vollständige Wiederherstellung erzielt.

Diese leichten Fälle bilden aber eine Ausnahme. Weit öfter stellt sich der mühsam zum Verschwinden gebrachte Ausfluß wieder ein, es kommt zu einer ausgebreiteten Nekrose der Schleimhaut der Trommelhöhle und des Antrum von der Oberfläche her sowie zu einer Ausstoßung des cariösen Hammers und Ambosses. Zu tiefen Zerstörungen in den knöchernen Wandungen der Mittelohrräume kommt es jedoch nicht häufig. Ueberall ist der Knochenschwund nur ein oberflächlicher, oder der Einbruch der tuberkulösen Bildungen in die Fenster im Entstehen begriffen.

Ein Beispiel einer chronisch verlaufenden, vorwiegend in der mucösperiostalen Auskleidung sich abspielenden Tuberkulose des mittleren Ohres sei hier kurz eingefügt.

Johann L., 28-jähriger Wärter der dermatologischen Abteilung.
Pat. ist hereditär nicht belastet und war anscheinend früher immer
gesund. Im Anschluß an eine 1886 überstandene Lungenentzündung entwickelte sich schleichend ein Lupus der Nase, welcher anfänglich mit
Salben, später auch mit Auskratzungen behandelt wurde. Seit 1894 ist
der Kranke Wärter an der dermatologischen Abteilung des allgemeinen
landschaftlichen Krankenhauses zu Graz. Im November 1895 machte
Pat. eine ziemlich starke Influenzaotitis durch. Nach 14 Tagen erfolgte
Heilung. Auch das Gehör stellte sich wieder her. Seit Frühjahr 1897
bemerkte Pat., daß seine Stimme tonlos wurde. Später stellten sich auch
Schmerzen, wenngleich nur vorübergehend, in der Brust ein. Husten und
Auswurf wurden immer stärker. Die interne Untersuchung ergab eine
vorgeschrittene Lungen- und Kehlkopfphthise. Kurze Zeit danach, im
November 1897, trat plötzlich eine hochgradige Herabsetzung der Hör-
schärfe auf der rechten Seite auf. Ohne daß Pat. irgendwelchen Schmerz
verspürt hätte, bemerkte er eines Morgens beim Waschen einen eitrigen
Ausfluß aus dem rechten Ohre. Er begab sich sofort zur Ohrenklinik, wo
folgender Befund festgestellt wurde:

$$\begin{array}{ll} W \\ R > L \\ \frac{1}{\infty} \; U \; 2{,}0 \\ + \left(\frac{U_s}{U_w}\right) + \\ \begin{matrix}0{,}50 & St \\ 0{,}01 & Fl\end{matrix} \Big) \; 8{,}0 \\ 11'' \; c_w \; 18'' \\ - \; R + 36'' \\ 7'' \; c \; . \\ -23'' \, c^4 \; 43'' \\ c-c^8 \; H \; F_{-3}-c^8 \end{array}$$

R. Trommelfell graurot, stark abgeflacht. Im hinteren unteren Quadranten
blaßrote Granulationen.

L. Trommelfell matt, grau, glanzlos. Lichtkegel angedeutet.

Lupus der Nasenflügel. Eitrige
Rhinopharyngitis. Ulcerierende Kehl-
kopftuberkulose. Phthisis pulmonum.

Im Ohreiter wurden einige Tuberkelbacillen aufgefunden.

Die Behandlung bestand in täglicher Reinigung und Einstäubungen
mit Jodoformpulver. Mit dem Fortschreiten der Lungenaffektion ging
auch die charakteristische Zerstörung des Trommelfells Hand in Hand.
Die Eiterung war anhaltend ziemlich reichlich. Im Frühjahr 1898 konnte
Pat. seinen Dienst als Wärter nicht mehr verrichten und wurde am
20. März d. J. auf die 2. med. Abteilung aufgenommen. Damals fehlte
das Trommelfell ganz, der Hammergriff ragte frei in die Paukenhöhle
herein, deren innere Wand von einem festanhaftenden, eiterigen Belag
überzogen wurde. Das Gehör hatte sich noch mehr verschlechtert, wie
aus beiliegender Gehörprüfung hervorgeht.

$$\begin{array}{ll} W \\ R > L \\ \theta \; U \; 2{,}0 \\ + \left(\frac{U_s}{U_w}\right) + \\ (?) \begin{matrix}0{,}50 & St \\ \theta & Fl\end{matrix}\Big) \; 8{,}0 \\ 10'' \; c_w \; 18'' \\ - \; R + 36 \\ \theta \; c \; . \\ -29 \; c^4 \; 43'' \\ c^2-c^5 \; H \; F_{-3}-c^8 \end{array}$$

14 Tage nach seinem Uebertritt in den Krankenstand traten zum
ersten Male Schmerzen im Ohr auf, welche 2 Tage hindurch andauerten.
Im übrigen wurde nur hier und da ein wenig intensives Stechen wahr-

genommen, besonders dann, wenn die Sekretion etwas zunahm. Am
16. Juni trat der Tod ein. Die Sektion der Brustorgane bestätigte die
klinische Diagnose.

Die histologische Untersuchung des rechten Gehörorgans führte zu
folgendem Ergebnis:

Im knöchernen Abschnitt der Ohrtrompete sowie in den ihrer Mündung
benachbarten Teilen der Paukenhöhle stößt man auf eine oberflächliche
Verkäsung der Schleimhaut mit reichlichen miliaren Herden und charakteristischen Riesenzellen in den tieferen Gewebslagen. Im Kuppelraum, im
Antrum, an der inneren und unteren Trommelhöhlenwand ist die Mucosa
vollständig verkäst und der anliegende Knochen teilweise angenagt. Der
lange Schenkel und der Körper des Ambosses, Hammergriff und vorderer
Steigbügelschenkel sind cariös, letzterer ist von tuberkelhaltigen Granulationen durchbrochen. Die tuberkulösen Wucherungen verlegen beide
Labyrinthfenster vollständig, ein Durchbruch ist jedoch noch nirgends
erfolgt, wäre aber gewiß in kürzerer Zeit am hinteren unteren Rande
der Steigbügelfußplatte zu erwarten gewesen. Der Facialiskanal ist gleichfalls über dem ovalen Fenster arrodiert, seine Scheide entzündlich verdickt. Das Labyrinth zeigte sich von Entzündungserscheinungen frei.

Außer der vornehmlich in der mucös-periostalen Auskleidung sich
abspielenden chronischen Mittelohrtuberkulose müssen wir noch die-
jenige Form als eine besondere betrachten, bei welcher vor allem ausgedehnte cariös-nekrotische Prozesse im Schläfebein das klinische Bild
beherrschen. Die Unterschiede, welche die Lokaltuberkulose in ihrem
Entwickelungsgang, d. h. in ihrer örtlichen, relativen Gutartigkeit oder
Bösartigkeit bietet, müssen, zum Teil wenigstens, auf die verschiedene
Intensität der Giftwirkung, zum Teil auf eine verschiedene Widerstandsfähigkeit der einzelnen Individuen gegenüber der tuberkulösen Ansteckung
bezogen werden. Entweder handelt es sich in diesen Fällen um eine
schwere tubare, oder aber um eine hämatogene Infektion. Der Tuberkelbacillus kann sich auch hier in der Schleimhaut oder im Knochen zuerst ansiedeln und weiter entwickeln. Die tuberkulösen Ostitiden des
Warzenfortsatzes treten, wie bereits erwähnt, besonders bei Kindern im
Anschluß an eine primäre Tuberkulose der Lymphdrüsen des Respirations-
und Digestionstraktus mit Durchbruch tuberkulöser Herde in Venen
oder Lymphkanäle auf, viel seltener stellen sie sich noch im höheren
Alter ein.

Hat die erste Ansiedelung des Tuberkuloseparasiten in der Schleimhautauskleidung des Mittelohres stattgefunden, so stimmt im Anfang
das Krankheitsbild vollkommen mit dem zuletzt geschilderten überein.
Später erfolgt dann die Bildung einer Kloake, deren fötider Inhalt sich
einen Weg durch die hintere obere Gehörgangswand direkt nach außen
bahnt. Die Knochenwände verfallen regelmäßig der Destruktion. Am
häufigsten wird diese an der inneren Wand beobachtet. ihr schließen
sich die obere, die vordere und untere Wand an. Arrosionen der
Innenwand, besonders der Fenster, führen zu Taubheit, die des Canalis
Fallopiae zu Gesichtslähmung. Die Zerstörung der Scheidewand zwischen

knöcherner Ohrtrompete und Carotis haben eine tödliche Blutung zur
Folge, die Einschmelzung des Paukenhöhlenbodens lassen eine Thrombophlebitis des Bulbus der Vena jugularis mit nachfolgender Septikämie
befürchten. Haben die tuberkelhaltigen Granulationen das Paukendach
durchbrochen, so droht die Gefahr einer eiterigen Entzündung der Hirnhäute oder eines Hirnabscesses. Schon früher ist es gewöhnlich zu einer
Mitbeteiligung der lateralen Warzenfortsatzwand gekommen. Ist die
äußere Knochenschale durchbrochen, so wird das Periost von entzündlichen Wucherungen emporgehoben, es kommt zu einer teigigen Schwellung
der Weichteile hinter dem Ohr, welche im Gegensatz zu den bei anderen
Prozessen sich einstellenden akuten Erkrankungen des Knochens und
seines Weichteilüberzuges beinahe jede Entzündungsröte vermissen läßt.
Fieber und Schmerzen können ganz fehlen, so daß manchmal die Knochenaffektion fast symptomlos verläuft, und wir bei der Sektion zu unserer
Verwunderung weitgehende cariöse Zerstörungen im Felsenbein antreffen
(SCHWARTZE, Chir. Krankh. des Ohres, S. 392). Oeffnen wir die
Geschwulst, so ergießt sich aus dem subperiostalen Absceß eine mehr
oder weniger reichliche Menge eines überaus stinkenden Eiters, welcher
käsige Bröckel mit Knochengries untermischt enthält. Die Corticalis
ist von Fisteln durchsetzt und von schwammigen, gelbrötlichen Granulationen unterwühlt, welche den Knochen in großer Ausdehnung zum
Schwund gebracht haben. Rechtzeitig operierte und nicht zu weit vorgeschrittene Fälle können besonders bei jugendlichen Individuen zur
Ausheilung gelangen, in der Mehrzahl jedoch erfolgt der Tod unter
den Erscheinungen einer schweren Allgemeininfektion.

Folgende Krankengeschichte sei hier kurz eingefügt.

Antonie K., 5-jähriges Schutzmannskind aus Pettau.

Die Mutter der Kranken ging im Frühjahr 1891 an Lungentuberkulose
zu Grunde, ihr Vater liegt zur Zeit an diesem Leiden schwer darnieder.
Ihre beiden früher geborenen Geschwister starben im zartesten Alter.

Ende Februar 1893 trat zum ersten Male ein eiteriger Ausfluß aus
den Ohren auf, kurz bevor die Kleine wegen eines chronischen Ekzems
der Kopfhaut und einer Conjunctivitis phlyktaenulosa auf der hiesigen
Augenklinik Aufnahme fand. Vor Eintritt der Eiterung bemerkte der
Vater an dem Kinde keine Symptome, welche auf ein Ohrenleiden hätten
schließen lassen. Der Zustand der Pat. verschlimmerte sich trotz ärzt-
licher Behandlung immer mehr. Der Ausfluß wurde reichlicher, nach
einigen Monaten stinkend. Im April 1895 wurden Granulationen in beiden
äußeren Gehörgängen wahrgenommen. Erst jetzt traten Schmerzen in
beiden Ohren auf. Zu derselben Zeit begann auch die Entwickelung sub-
periostaler Abscesse über den Zitzenfortsätzen. Als diese sich immer
mehr vergrößerten, wurde uns das Mädchen am 25. Mai 1895 zur operativen Behandlung zugeschickt. Der Befund war folgender.

Die Kranke ist ein schwächliches, anämisches, sehr abgemagertes Kind.
Lymphdrüsen am Hals stark geschwollen, in den Leistengegenden über
bohnengroß. Das linke Ellenbogengelenk ist spindelförmig angeschwollen.
An der Ulnarseite befindet sich eine stark secernierende Fistel, desgleichen

an der Innenseite des Oberarmes. Die Sonde stößt hier überall auf rauhen Knochen.

Hinter der Ansatzstelle der Ohrmuscheln befinden sich beiderseits ausgedehnte, fluktuierende, subperiostale Abscesse, deren Weichteilüberzug keine entzündliche Röte aufweist. Reichliche, fötide Eiterung aus beiden Ohren. Beide Gehörgänge mit Granulationen ausgefüllt. Gaumenmandeln vergrößert, buchtig. Eiterige Rhinopharyngitis.

Im Ohreiter sind keine Tuberkelbacillen nachweisbar.

Am 26. Mai wurde beiderseits von mir die Radikaloperation ausgeführt.

Nach Spaltung der infiltrierten Hautdecke zeigte sich rechts die Knochenschale an der typischen Stelle durchbrochen, graugrünlich verfärbt nnd von mißfarbigen Granulationen durchsetzt. Nach Abtragung der überhängenden Ränder gelangte man in eine große Höhle, die vollständig mit grauroten, teilweise zerfallenen Wucherungen erfüllt ist, in die einige kleine Sequester eingebettet sind. Nach ihrer Entfernung gewahrt man, daß die ganze hintere Gehörgangswand samt ihrer häutigen Auskleidung fehlt, nur von der lateralen Atticwand steht noch nach vorn zu ein kleiner Rest, welcher fortgenommen wird. Vorsichtige Säuberung der Pauke und des Aditus. Gehörknöchelchenreste werden nirgends gefühlt. Plastik. Deckverband.

Auf der linken Seite waren die Verhältnisse ungefähr dieselben, nur war hier der medianste Teil der hinteren knöchernen Wand als schmale Spange noch erhalten. Am 28. Juli waren die retroauriculären Oeffnungen beiderseits geschlossen. Der größte Teil der Wundhöhle übernarbt. Nur die Schleimhaut der Pauke blieb leicht gekörnt, blaßrot, die Sekretion war gering.

Anfang August wurde die Kleine wegen der Ellenbogencaries auf die chirurgische Abteilung transferiert und von uns ambulatorisch weiter behandelt, ohne daß eine definitive Heilung der Mittelohreiterung erzielt worden wäre. Am 7. Dez. wurde ihr das linke Ellenbogengelenk reseciert, welches ausgedehnte tuberkulöse Zerstörungen darbot. Im Frühjahr 1896 wurden der Kranken wiederholt Lymphdrüsenabscesse sowohl an der rechten seitlichen Halsgegend als auch in der rechten Achselhöhle gespalten. Unter den Zeichen einer tuberkulösen Allgemeininfektion verstarb die Kleine am 26. Nov. 1896.

Die pathologisch-anatomische Diagnose lautete: Ostitis tuberculosa multiplex. Tubercul. pulmonum. Tuberculosis glandularum lymphaticarum bronchial. colli et mesenterial. accedente tuberc. miliari lienis, renum et hepatis.

Die histologische Untersuchung des rechten Gehörorgans lieferte den Beweis, daß es sich um eine tuberkulöse Mittelohrerkrankung handelte. Diese war im Antrum und Aditus zur Ausheilung gekommen. Nur an der inneren Paukenwand fand sich eine diffus infiltrierte Schleimhaut vor. Während die Oberfläche bereits verkäst war, zeigten die tieferen Lagen dicht gelagerte Tuberkel mit überaus zahlreichen Riesenzellen. Beide Fenster waren mit derbem Bindegewebe verlegt. Das Labyrinth blieb auch in diesem Falle von Entzündung frei. Die specifische Natur des Prozesses wurde noch durch den Nachweis des Tuberkelbacillus in den ausgeschabten Granulationen erhärtet.

Entwickelt sich die Tuberkulose zuerst in den Markräumen des Schläfebeins, so ist der Gang der Erkrankung selbstverständlich ein

umgekehrter. Wir dürfen nur in den Fällen eine primär ossale Form
der Mittelohrtuberkulose annehmen, in welchen wir mit Sicherheit nachweisen können, daß die Erscheinungen im Warzenfortsatz zeitlich
der Paukenhöhlenentzündung vorangegangen sind. Liegt der Herd
central, und geht sein Wachstum nur langsam vor sich, so kann in
diesem Stadium die Krankheit noch völlig latent sein. Und doch ist
es wichtig, daß man das Leiden so früh als möglich erkennt, weil man
bei rechtzeitigem chirurgischen Eingreifen den bislang noch rein lokalen
Krankheitsherd gründlich entfernen kann. Das erste Zeichen, welches
uns eine centrale Tuberkulose vermuten läßt, ist nach HAUG die
Schwellung der auf dem Warzenfortsatze aufliegenden kleinen Lymphdrüse, die sich als kirschkerngroßer, verschiebbarer, harter Tumor
durchfühlen läßt. Zeigt diese histologisch das Bild der Lymphdrüsentuberkulose, und eröffnen wir dann den Knochen, so finden wir in der
Regel noch keine weitgehenden cariösen Zerstörungen. Derartige Beobachtungen liegen von WANSCHER (50), SIEBENMANN (51) und HAUG (52)
vor. Da es sich hier um beginnende Prozesse handelte, trat kurze Zeit
nach der operativen Entfernung der in sklerotische Wandungen ein-
gelagerten, grauroten Granulationsmassen eine vollständige Heilung ein.

Bei längerem Bestande treten natürlich die gleichen pathologischen
Knochenveränderungen auf, wie wir sie bereits zur Genüge kennen
gelernt haben. Aber auch nach dem Eintritt einer tuberkulösen Periostitis bezw. eines subperiostalen Abscesses kann Pauke und Trommelfell noch wohlerhalten sein. Einen solchen Fall teilt KNAPP (53) mit.

Die kleine 5-jährige, mit multipler Knochentuberkulose behaftete Pat.
zeigte ausgedehnte, fistulöse Durchbrüche der äußeren Schale des rechten
Warzenfortsatzes und der darüberliegenden Weichteile, aus welchen sich
übelriechende, eiterige Massen entleerten. Gehörgang, Trommelfell und
Paukenhöhle waren normal, das Gehör war nicht herabgesetzt. Auch
diese Kranke wurde nach der radikalen Entfernung alles Krankhaften innerhalb weniger Monate wiederhergestellt.

Zu welch gewaltigen Destruktionen die tuberkulösen Ostitiden des
Zitzenfortsatzes schließlich führen können, geht aus einem schon von
GRUNERT und MEIER (54) veröffentlichten Fall hervor, den ich während
meiner ärztlichen Thätigkeit an der königl. Universitäts-Ohrenklinik zu
Halle a. d. S. mit beobachten konnte.

Es handelte sich um ein 2-jähriges, sehr elendes Kind, welches wegen
einer rechtsseitigen, fötiden Otorrhöe der Klinik übergeben worden war.
Zahlreiche Fisteln an beiden Fußrücken, an der Außenseite des linken
Oberschenkels, auf dem rechten Handrücken sowie eine komplete Facialis-
lähmung der rechten Gesichtshälfte ließen sofort den tuberkulösen Charakter
der Erkrankung erraten. Der Beweis hierfür wurde später durch das
Auffinden des Tuberkuloseparasiten sowohl im Ohreiter wie im Granulationsgewebe erbracht. Bei der Aufnahme der Pat. zeigte sich der Gehörgangs-

eingang zerfressen, erweitert. Nach vorn zu geht die Ulceration, die den
Tragus zerstört hat, in ein großes Hautgeschwür mit unterminierten
Rändern und blassem, schmutzigem, granulierendem Grunde über. Die
Pauke ist mit furchtbar stinkenden, gangränösen Fetzen ausgefüllt. Nach
Ausräumung dieser Massen mit dem scharfen Löffel wird das Innere
einer ungefähr taubeneigroßen Kloake übersichtlich. Vom häutigen Gehörgang ist nichts mehr vorhanden. Von den knöchernen Gehörgangswänden
ist die vordere und hintere ganz zerstört, zum größten Teil auch die
obere und untere. Nach hinten zu fehlt bis auf die erhaltene Spitze des
Warzenfortsatzes alles, so daß die hintere Wand von einem etwa 2 cm
langen Stück des mißfarbenen Sinus transversus gebildet wird. Der Wulst
des horizontalen Bogenganges ist schwarz verfärbt und rauh. Der cariöse
Stapes war bereits gelockert und konnte leicht mit der Pincette heraus-
gezogen werden.

16 Tage später starb das Kind an einer akuten Lungenaffektion.
Die pathologisch-anatomische Diagnose lautete: Ostitis pur. multiplex
praecipue ossis temp. dextri tuberculosa. Pachyleptomeningitis, Ence-
phalitis purul. circumscripta. Thrombophlebitis purul. sinuum baseos petros.
dextri. Bronchopneumonia duplex purulenta. Abscessus in pulmone dextro.
Pleuritis fibr. sicca. Enteritis follicularis.

Aus dem Obduktionsbefund geht mit fast absoluter Gewißheit hervor,
daß die Caries necrotica des Schläfebeins ebenso als lokaler Ausdruck
der Allgemeintuberkulose zu betrachten ist, wie die anderen tuberkulösen
Knochenherde. Am macerierten Schädel zeigte sich außer den schon beschriebenen Veränderungen ein ausgedehnter Defekt, welcher von dem
durch Caries erweiterten ovalen Fenster ausgehend die ganze Felsenbeinpyramide schräg durchsetzte und direkt in den inneren Gehörgang mündete.
Ebenso war der hintere Bogengang cariös angenagt.

Soviel über die klinischen Erscheinungen und den Verlauf der
Mittelohrtuberkulose. Daß hin und wieder eine Abweichung vorkommt,
kann uns nicht wundern, ebenso daß auf dem Boden einer gewöhnlichen
Mittelohrentzündung sich später eine tuberkulöse entwickeln kann. In
der Regel ist aber der Beginn des Leidens fast schmerzlos. Treten
heftigere Beschwerden auf, so sind diese eine Folge der stärkeren entzündlichen Reaktion der Gewebe, welche zumeist durch andere Eiterungs-
erreger hervorgerufen wird. Wir dürfen aber auch nicht vergessen,
daß der Tuberkelbacillus allein eine exsudative Entzündung in den
tuberkulösen Herden veranlassen kann, wenn entweder die Giftwirkung
der Bacillen intensiver oder die Widerstandsfähigkeit der Gewebe geringer wird [RIBBERT (55)].

Die Prognose der tuberkulösen Mittelohrerkrankung ist, wie aus
dem Gesagten bereits hervorgeht, eine keineswegs günstige. Solange
der Organismus noch widerstandsfähig ist, kann auch eine beginnende
Mittelohrtuberkulose ausheilen. Die größte Aussicht auf Wiederherstellung haben diejenigen Fälle, wo der Prozeß noch frisch und allein
auf den Warzenfortsatz beschränkt ist. Derartige Beobachtungen liegen
eine ganze Reihe in der Litteratur vor. Wie die anatomische Be-
trachtung, unterstützt durch die klinische Erfahrung lehrt, zeigen gleich-

falls die leichteren Formen der mucös-periostalen Mittelohrtuberkulose nicht so selten deutliche Spuren von Heilungsvorgängen. Allerdings muß auch zugegeben werden, daß diese Heilungen nicht immer als definitive zu betrachten sind, da ganz gewöhnlich Reste der eigentlich tuberkulösen Prozesse neben Involutionserscheinungen vorhanden sind. Dem Dämon der Tuberkulose aber sind die unrettbar verfallen, welche entweder an einer weit vorgeschrittenen Schläfebeincaries mit konsekutiver Hirnkomplikation dahinsiechen, oder bei denen das Leiden nur eine Aeußerung der Tuberkelkachexie bezw. der Allgemeininfektion darstellt. Die Ohraffektion allein führt nur ganz ausnahmsweise den Tod herbei.

Die Therapie der tuberkulösen Mittelohreiterungen ist für den Arzt keine dankbare Aufgabe. Vor allem ist eine Besserung des Allgemeinbefindens anzustreben, die lokale Behandlung der Ohraffektion kommt erst in zweiter Linie. Durch klimatische und nutritive Maßregeln gelingt es, wenn auch selten, derartige Prozesse wenigstens zum zeitweiligen Verschwinden zu bringen. Je weniger vorgeschritten die Allgemeinerkrankung ist, desto besser sind die Aussichten auf Erfolg.

Neben der Hebung des Kräftezustandes der Patienten haben wir für die nötige Reinhaltung des Ohres von dem eitrigen Sekret zu sorgen. Am besten geschieht dies je nach der Stärke des Ausflusses ein bis mehrere Male am Tage mit einer abgekochten, lauwarmen, physiologischen Kochsalz- oder schwachen Borsäurelösung. Eine wiederholte Ausspülung mit desinfizierenden Flüssigkeiten ist dann geboten, wenn das Sekret einen fötiden Geruch annimmt. Das Einstäuben der befallenen Schleimhaut mit einer feinen Schicht von Jodoformpulver leistet dann und wann nicht unwesentliche Dienste. Die gewaltsame Entfernung des an der inneren Paukenhöhlenwand haftenden Eiterbelages unter hohem Druck muß unter allen Umständen vermieden werden, weil die Labyrinthkapsel infolge der cariösen Annagung leicht einbrechen kann. Die größte Vorsicht hat auch in den Fällen zu walten, wo Granulationen von dieser Stelle ausgehen. Aetzungen, der Gebrauch der Schlinge und des scharfen Löffels sind hier ganz zu verwerfen. Bei absoluter Notwendigkeit darf nur von geschulter Hand ein kleiner operativer Eingriff gewagt werden.

Handelt es sich um eine primär ossale Form der Tuberkulose des Warzenfortsatzes, in welcher die Pauke noch nicht in Mitleidenschaft gezogen ist, so ist so früh als möglich der Granulationsherd freizulegen und vollständig auszuräumen. Diese Erkrankungsform, rechtzeitig erkannt, bietet die beste Gewähr für eine entgiltige Heilung, wie wir aus den Mitteilungen von WANSCHER, SIEBENMANN, HAUG und KNAPP bereits gesehen haben.

Welche Behandlungsweise am Platze ist, wenn bereits Erscheinungen einer Knochenaffektion zu Tage treten, hängt wiederum vor allem von dem Allgemeinbefinden des Patienten ab. Um die Eiterung allein zu heilen, darf man nicht operieren. Im allgemeinen soll man hier so schonend als möglich vorgehen. Es ist ja eine bekannte Thatsache, daß z. B. tuberkulöse Kinder trotz größerer Knochenzerstörungen ganz gut fortkommen können. Außerdem ist bei diesem Leiden von ausgesprochen schleichendem Charakter nie vollständig zu übersehen, zu welch gewaltigen Destruktionen des Schläfebeins bereits der cariöse Prozeß geführt hat, so daß die Freilegung der Mittelohrräume die erhoffte Hilfe nicht nur nicht mehr bringt, sondern vielleicht auch noch durch die Eröffnung zahlreicher Blutbahnen eine Verschleppung des Tuberkelbacillus im Körper begünstigt. Zulässig ist die Radikaloperation allein bei jugendlichen Individuen, welche noch nicht die Zeichen einer Lungentuberkulose oder einer Allgemeininfektion darbieten, und deren Gesundheitszustand zu keinen ernsten Befürchtungen Anlaß giebt. Günstige Resultate erzielten in solchen Fällen SCHWARTZE (56), COZZOLINO (57), GRUNERT (58) und v. WILD (59).

Subperiostale Abscesse sind zu spalten, mehr oder weniger vollkommen gelöste Sequester sind des freien Sekretabflusses wegen regelmäßig aus ihrer Kloake zu entfernen. Eine breite, ausgiebige Freilegung des Krankheitsherdes ist unbedingt erforderlich, wenn sich plötzlich immer mehr steigernde, halbseitige oder diffuse Kopfschmerzen, heftige Beschwerden bei Bewegungen im Genick, Veränderungen im Augenhintergrunde, Schüttelfröste, Erbrechen und andere Symptome einstellen sollten, welche auf eine frühzeitige Hirnhautentzündung oder Sinusphlebitis hinweisen. Ist der Nutzen, den wir durch unser chirurgisches Handeln dem Kranken verschaffen, auch nur ein vorübergehender, so haben wir doch die Pflicht, so lange als möglich eine Miliartuberkulose oder Septikämie hintanzuhalten, die sich nach Durchbruch des großen Querblutleiters unweigerlich einstellen muß. Wir dürfen nie vergessen, daß bei ausgedehnten, cariös-nekrotischen Warzenfortsatzaffektionen, welche mit der Außenwelt in weiter Verbindung stehen, die übrigen Eitererreger, besonders die Streptokokken, eine viel größere Gefahr für das Leben des Kranken in sich bergen, als der Tuberkelbacillus selbst.

Die tuberkulösen Erkrankungen des inneren Ohres sowie des Stammes des Nervus octavus.

Die große Schwierigkeit einer genauen Darstellung der tuberkulösen Erkrankungen des inneren Ohres liegt, trotz hinreichender pathologisch-anatomischer Kenntnisse, vornehmlich darin, daß die über dieses Leiden vorliegenden klinischen Beobachtungen noch manche Lücke aufweisen. Dieser Umstand ist aber weniger auf eine mangelhafte Beobachtungsgabe der sich mit dieser Frage beschäftigenden Aerzte zurückzuführen,

als besonders darauf, daß ein Fortschreiten des tuberkulösen Prozesses
auf das Labyrinth nur ganz allmählich, schleichend stattfindet, und deshalb die deutlich ausgeprägten Erscheinungen, wie sie bei akut entzündlichen Vorgängen von den peripheren Endigungen des Vestibular-
nerven ausgelöst werden, sich entweder nur vorübergehend einstellen
oder ganz vermißt werden. Ebenso wird eine beginnende Läsion der
Schnecke klinisch kaum festzustellen sein. Wir müssen uns deshalb
darauf beschränken, die tuberkulösen Erkrankungen des schallempfindenden Apparates vor allem nach ihrer anatomischen und, soweit dies
möglich, nach ihrer symptomatischen Seite abzuhandeln. Weitere Arbeiten
auf diesem Gebiete erscheinen wünschenswert und werden uns gewiß
mit der Zeit weiter vorwärts bringen.

Das Ohrlabyrinth ist in die spongiöse Substanz des Felsenbeins
eingebettet. Dieses setzt sich zusammen aus dem epithelialen Gehör-
bläschen mit der Endigung des Hörnerven und aus seiner mesoblastischen
Kapsel.

Die äußerste Schicht der ursprünglichen Ohrkapsel verknöchert
schließlich und wird zum knöchernen Labyrinth. Der periostale Ueberzug des letzteren (Endost) bildet die Oberfläche des inneren Ohres.
Was zwischen Endost und endolymphatischem Labyrinthraum liegt, wird
als perilymphatischer Raum bezeichnet. In dem anatomischen Aufbau
des inneren Ohres liegt die Begründung unserer Einteilung der tuberkulösen Erkrankungen des Labyrinths in solche seiner knöchernen Umhüllung sowie seines peri- und endolymphatischen Hohlraumsystems.

Die Tuberkulose des inneren Ohres kommt dadurch zustande, daß
bei längerer Dauer der tuberkulöse Prozeß, welcher sich in den Mittel-
ohrräumen abspielt, auch auf das Ohrlabyrinth übergreift. Die kompakte
Knochenmasse, welche das Sinnesorgan einschließt, das zugleich dem
Hören und der Erhaltung des Körpergleichgewichtes dient, wird zuerst
in Mitleidenschaft gezogen. Dem Ansturm der von der Paukenhöhle
aus vordringenden tuberkulösen Bildungen ist vor allem die laterale
Labyrinthwand ausgesetzt. Ihre Mitte wird vom Promontorium eingenommen, welches die äußere Begrenzung für das Endstück der
basalen Schneckenwindung darstellt. Wie wir bereits gesehen haben,
ist dieses rautenförmige, flach vorgewölbte Feld fast regelmäßig der
Sitz entweder einer nur oberflächlichen, oder auch in die Tiefe greifenden,
lacunären Resorption des Knochens. Wir finden dann das Vorgebirge
vollständig von Weichteilen entblößt, rauh, zerfressen, wie mit kleinen,
spitzen Zacken besetzt; bei ausgebreiteter Zerstörung kann es ganz
fehlen.

Die hintere obere Seite des Promontorium bildet den unteren Umfang der Vorhoffensternische, während in der hinteren unteren sich die
dreieckige Oeffnung zur Nische des Schneckenfensters befindet. Die
Fenestra ovalis wird von der Fußplatte des Steigbügels, fixiert durch

das Ringband, verschlossen, in der Fenestra rotunda dagegen ist das
Nebentrommelfell ausgespannt, welches als ein unverknöchert gebliebener
Teil der Labyrinthkapsel angesehen werden muß (REICHERT). Beide
Fenster sind ein Lieblingssitz der tuberkulösen Veränderungen. Im
Beginn der Erkrankung, wie sie in je einem Falle von HABERMANN
(Fall 4), GRADENIGO und HÄNEL beobachtet werden konnte, kommt es
zunächst zu einer lacunären Arrosion der benachbarten, mit Granulationen besetzten Knochenwände. Diese Wucherungen greifen sodann
auf die Außenfläche der Membrana tympani secundaria über, durch
die fortschreitende Caries löst sich die Faserschicht der Fenstermembran
los, und die Entzündungsprodukte gelangen in die Paukentreppe des
Schneckenanfangteils, von wo sie sich dann weiter gegen die Spitze
zu verbreiten. Am ovalen Fenster treten die pathologischen Erscheinungen in gleicher Weise zu Tage. Auch hier stellt sich zuerst
eine cariöse Annagung der knöchernen Umgrenzung ein, allmählich
wird das Ligamentum annulare zerstört, so daß den einzigen Schutz
für den Vorhof noch dessen erhaltene, geschwollene periostale Schicht
darstellt. Endlich wird auch im weiteren Verlaufe das Endost ein-
geschmolzen, und der Zugang zum perilymphatischen Raum steht offen.

Von den 33 in der Litteratur niedergelegten, histologisch genau untersuchten Fällen kam es 10mal zu einem Durchbruch der tuberkulösen
Massen durch die Labyrinthfenster. Bei 5 Kranken waren beide Membranen zerstört (Fall 5 und 8 von HABERMANN, Fall 3 von BARNICK,
je ein Fall von GRADENIGO und HÄNEL), bei 2 Kranken das ovale
(Fall 4 von HABERMANN und ein Fall von SCHWABACH und 3mal das
runde Fenster (ein Fall von SCHWABACH sowie Fall 4 und Fall Leni P.
von BARNICK).

Die Grenze zwischen der inneren Wand der eigentlichen Pauke
und dem Kuppelraum wird durch die laterale Wand des horizontalen
Teiles des Canalis facialis gebildet, welcher an dieser Stelle als deutlicher Wulst hervorspringt. Eine kleine Dehiscenz seines festen Knochen-
mantels fehlt hier selten, so daß der Nerv in eine innige Beziehung
zur Schleimhaut der Paukenhöhle gelangt und bei Affectionen der
letzteren sehr leicht in Mitleidenschaft gezogen wird. Dieser Umstand
erklärt auch die Thatsache, daß von allen Autoren fast ausnahmslos
selbst in den leichter verlaufenden Fällen eine entzündliche Infiltration
der Nervenscheide und der Bindegewebssepta zwischen den einzelnen
Nervenbündeln festgestellt wurde. Jedenfalls gehen wir nicht fehl,
wenn wir den über dem ovalen Fenster gelegenen Defekt als die ge-
wöhnliche Einbruchsstelle der Entzündung in den Nervenkanal ansehen.
Am häufigsten erkrankt der der Pauke zugehörige Abschnitt, seltener
geht die Zerstörung über das Ganglion geniculi hinaus. Vom fallopischen Kanal aus bedroht der Facialis nicht nur das Schneckengehäuse,
besonders über der mittleren Windung (Fall 8 von HABERMANN, Fall 3

von Barnick), sondern auch weiterhin den Stamm des Octavus und den Schädelinhalt.

Unmittelbar über dem Facialiswulst stoßen wir abermals auf kompakten, der Labyrinthkapsel angehörenden Knochen, in welchem die Ampullen des oberen vertikalen und horizontalen Bogenganges dicht nebeneinanderliegen und von denen namentlich die letztere nebst dem Anfangsstück ihres halbzirkelförmigen Kanales am nächsten an die Paukenhöhle herangerückt erscheint. Daß Bogengangsfisteln, besonders solche im äußeren Halbzirkelgang, nicht zu den Seltenheiten gehören, zeigt folgende Statistik Jansen's (60). Bei 137 durch Eiterung herbeigeführten Defekten in den halbzirkelförmigen Kanälen waren nur 6 im vorderen Schenkel des oberen Bogenganges, 4 im hinteren Schenkel, 9 im unteren und 124 im horizontalen Bogengange. Nach dem Cholesteatom wird ihr Vorkommen bei rein tuberkulösen Prozessen am häufigsten beobachtet. Ausgedehnte cariöse Destruktionen der medialen Adituswand fanden Habermann und Jansen in je 2 Fällen. Schwabach sowie Grunert und Meier je einmal und Barnick 3 mal. Bei 3 Patienten mit unzweifelhaft tuberkulöser Erkrankung vermutete Jansen einen bei der Operation nicht nachweisbaren Defekt.

Außer von lateralwärts und oben ist die Labyrinthkapsel auch von unten her manchen Gefahren ausgesetzt. Pneumatische Zellen des Paukenhöhlenbodens schieben sich ziemlich häufig medianwärts bis zum inneren Gehörgang vor. Von diesen aus kommt es nicht selten zu einer Arrosion der knöchernen Umhüllung der Schnecke, der Ampulle des unteren vertikalen Bogenganges oder dieses selbst. Daß schließlich bei langer Dauer des Leidens eine Annagung der Labyrinthkapsel von allen Seiten aus erfolgen kann, braucht nicht erst besonders hervorgehoben zu werden. So war bei einem 6-jährigen Knaben, dessenGehörorgan Habermann (61) untersuchte, durch Tuberkulose der spongiösen Substanz rechterseits nahezu das ganze innere Ohr mit seiner kompakten Knochenkapsel ausgelöst und lag als Sequester in der Pyramide.

Ist an irgend einer Stelle des knöchernen Labyrinthmantels der tuberkulöse Prozeß bis zur periostalen Auskleidung vorgedrungen, so kommt es zu einer Infiltration der dünnen, dem Knochen anliegenden Lamelle. Rundzellen zwängen sich zwischen das Geflecht der resistenten Faserzüge ein und lockern das Gefüge der dem perilymphatischen Raum zugekehrten Endothellage. Weiterhin finden wir die Zeichen der entzündlichen Reizung in und zwischen den netzförmig verbundenen Bindegewebsbälkchen, welche zur membranösen Wand des endolymphatischen Apparates ziehen. Man ist erstaunt, welchen Widerstand das Endost dem Ansturm der tuberkulösen Bildungen entgegenzusetzen vermag. Schließlich giebt es doch nach, es kommt zu einer starken Proliferation des Bindegewebes der periostalen Lage und zur Bildung reichlichen Granulationsgewebes, in dem miliare Tuberkel mit Riesenzellen ein-

gebettet liegen. Während man nun weiterhin eine rasch fortschreitende
Verkäsung und einen schnellen Zerfall der erkrankten Teile beobachten
kann, überwiegt in anderen Fällen wieder die Bindegewebsneubildung,
es findet sogar, wenn auch selten, eine Apposition neuer Knochen-
schichten statt. Durch die fortschreitende Caries des Knochens erfolgen
immer neue Einbrüche, so daß man im weiteren Verlaufe in der
Cisterna perilymphatica, der Pauken- und Vorhofstreppe, an den kon-
kaven Bogengangswänden und in der Schneckenwasserleitung überall
auf verkäste Massen stößt.

Hochgradige pathologische Veränderungen im endolymphatischen
Raume werden nicht gerade häufig angetroffen. Die zarte Haut, welche
Vorhof und Bogengänge einschließt, zeigt im Beginn der Erkrankung
eine dichte Durchsetzung ihrer bindegewebigen Grundlage mit Rundzellen, im Innern finden sich zahlreiche Eiterkörperchen mit losge-
stoßenen, polygonalen Epithelien untermischt vor. In dem lockeren,
von Nervenfasern durchzogenen und Perilymphe durchströmten Polster
der Nervenendstellen stößt man auf eine stärkere Injektion der Gefäße
und eine deutlich ausgeprägte, kleinzellige Infiltration. Kurze Zeit
darauf sind bereits die Wandungen des Labyrinthbläschens in eine dicke
Schwarte umgewandelt, in denen man größere und kleinere miliare
Tuberkel leicht erkennen kann. Wenngleich auch hier und da An-
deutungen von Heilungsvorgängen sich bemerkbar machen, kommt es
doch zuletzt zu einer weit um sich greifenden Zerstörung aller membranösen und nervösen Elemente, so daß die vestibularen Hohlräume
vollständig von tuberkelhaltigen Granulationen erfüllt sind, welches die
Maculae und Cristae acusticae überwuchert.

Der Einbruch der tuberkulösen Bildungen in den Ductus cochlearis
erfolgt in der Regel durch seine Pauken- und Vorhofswand hindurch,
und zwar fast immer im Schneckenanfangsteil. Wie wir bereits gesehen
haben, sind beide Labyrinthfenster ein Lieblingssitz der tuberkulösen
Wucherungen. Zur Vervollständigung der früheren Angaben führen
wir hier noch Fall 37 von HEGETSCHWEILER, einen Fall von v. TRÖLTSCH
(62) und den schon öfter erwähnten Fall GRUNERT-MEIER an, bei
denen durch die Sektion des Schläfebeins gleichfalls eine Fortleitung
der tuberkulösen Entzündung durch die Fenster mit Sicherheit festgestellt werden konnte. Hat die von der Pauke aus vordringende
Tuberkulose einmal in der Cisterna perilymphatica oder in der Scala
tympani des Vorhofsabschnittes der Schnecke Fuß gefaßt, so beginnt
sie ihr Zerstörungswerk an der REISSNER'schen Membran und der
Membrana basilaris. Etwas langsamer erfolgt der Durchbruch in den
Ductus cochlearis von seiner äußeren Wand aus. Das derbe, sichelförmige
Lager des Ligamentum spirale ist äußerst widerstandsfähig und zeigt
eine lange Zeit hindurch selbst in solchen Fällen, in welchen die knöcherne
laterale Wand des Schneckenkanals bereits zum Schwund gebracht ist,

nur mäßig entzündliche Infiltrationserscheinungen. Solange der Einbruch noch nicht stattgefunden, finden wir den häutigen Schneckengang
mit einem Netzwerk feinster Fasern überspannt. Das CORTI'sche
Organ ist durch neugebildetes Bindegewebe ersetzt. Allmählich kommt
es aber auch hier zu einer teilweisen Zerstörung der schützenden
Wände, und die tuberkelhaltigen Granulationen schieben sich in den
Ductus cochlearis vor. Die Lamina spiralis membranacea, das Ligamentum triangulare und die Membrana Reißneri gehen vollständig in
dem Destruktionsprozeß auf, so daß eine Grenze zwischen dem endolymphatischen und dem durch die Skalen repräsentierten perilymphatischen
Raum der Schnecke nicht mehr besteht. Nur hier und da ragt noch
ein größeres Stück der knöchernen Spiralplatte in den Schneckenkanal
herein und zeigt uns den Weg, auf dem die Tuberkulose weiter gegen
den Hörnerven vordringt.

Längs der Nervenbündel, welche sich zwischen den beiden Lippen
des knöchernen Spiralblattes hindurchziehen, schleicht die Tuberkulose
des inneren Ohres zur Außenfläche des Modiolus und greift auf das
Ganglion spirale über, dessen bipolare Nervenzellen zum größten Teile
zu Grunde gehen. Die Hohlräume, welche zwischen der spongiösen
Knochensubstanz der Spindel liegen, sind mit neugebildetem Bindegewebe erfüllt, zwischen dem in Verkäsung begriffene Massen eingelagert
sind. Nur wenige Fasern des Schneckennerven lassen noch ihren
nervösen Bau erkennen, im allgemeinen erscheinen seine Bündel durch
die Konfluenz dicht gedrängter, im rückgängigen Zerfall begriffener
Tuberkel in mehrere große, verkäste Herde umgewandelt. Auch in
der Nähe des Fundus stoßen wir fast regelmäßig auf ausgebreitete,
tuberkulöse Zerstörungen im Nervenstamme, während gegen die Schädelhöhle zu die charakteristische Tuberkelentwickelung an Ausdehnung allmählich abnimmt.

Andererseits wird aber auch das Vorkommen miliarer Knötchen
im Stamm des Acusticus bei tuberkulöser Hirnhautentzündung beobachtet
[GRADENIGO (63) und BARNICK (20. S. 117)], deren Entwickelung selbstverständlich keine besondere praktische Bedeutung hat, da die Meningitis
tuberculosa doch in kurzer Zeit meist zum Tode führt. In dem einen
Falle konnte GRADENIGO sogar ein Vordringen der tuberkulösen Entzündung bis zum ROSENTHAL'schen Kanal gegen das Labyrinth zu verfolgen, gewöhnlich findet man aber nur eine stärkere Anhäufung von
Rundzellen in den in das Innere des Nerven ziehenden Fortsetzungen
des Perineurium, welche sich vor allem in der Umgebung der Gefäße
zu typischen Lymphoidzellentuberkeln vereinigen.

Ueberblicken wir noch einmal kurz das Gesagte, so kommen wir
zu dem Ergebnis, daß, abgesehen von den zuletzt angeführten Fällen,
die Tuberkulose des Labyrinths stets dadurch zustande kommt, daß
die Erkrankung vom Mittelohr auf das innere Ohr übergreift. Infolge

der Arrosion der knöchernen Labyrinthkapsel an verschiedenen Stellen, am Promontorium, an den Fensternischen, an der lateralen Adituswand vom fallopischen Kanal oder vom Paukenhöhlenboden aus entsteht zunächst in der Umgebung des Durchbruches eine Entzündung des perilymphatischen Raumes, die sich später auch im Labyrinthbläschen bemerkbar macht. Endlich setzt sie sich auf die Verzweigungen und den Stamm des Nervusoctavus fort, dessen typische Struktur durch das Eintreten der käsigen Metamorphose mehr und mehr verwischt wird.

Das Ohrlabyrinth ist ein Sinnesorgan, welches zwei verschiedenen Funktionen dient, dem Hören und der Erhaltung des Körpergleichgewichtes. Alle Schädigungen, welche das innere Ohr treffen, machen sich durch Reiz- oder Ausfallserscheinungen auf diesen Gebieten bemerkbar. Schon der Versuch, eine dem praktischen Bedürfnisse nur einigermaßen entsprechende Darstellung der Krankheitssymptome zu geben, ist mit großen Schwierigkeiten verbunden, da gegen den hohen diagnostischen Wert einzelner Merkmale gerechte Zweifel erhoben werden. Es ist hier aber nicht der Ort, sich für oder gegen eine Ansicht zu erklären, sondern es soll nur das ohne Kritik wiedergegeben werden, was zur Zeit von der Mehrzahl der Autoren als richtig angenommen wird und vielleicht auch von einiger Bedeutung für den Praktiker sein dürfte.

Wir sind bisher nicht in der Lage, sichere Anhaltspunkte für die differentielle Diagnose bezüglich des Sitzes der Erkrankung im schallleitenden oder schallempfindenden Apparat zu liefern. Eine Fortleitung der Entzündung des Mittelohres auf den Schneckenkanal wird in den meisten Fällen in seinem Anfangsteil am runden Fenster stattfinden. In diesem Abschnitt der Schnecke wird die Perception der höchsten Töne verlegt, da die elastischen Elemente der Basilarmembran an dieser Stelle die geringste Länge besitzen. Es kann demnach mit einer gewissen Wahrscheinlichkeit eine Labyrinthaffektion angenommen werden, wenn der Kranke hohe Stimmgabeltöne von der viergestrichenen Oktave, etwa angefangen, unverhältnismäßig viel schlechter hört als tiefe. Bei einem Vordringen des Prozesses gegen die Spitze zu kann man, wenn auch selten, unregelmäßig angeordnete, partielle Tondefekte beobachten. oder es kommt zu einer Störung der Klanganalyse im Labyrinth, zum sogenannten Falschhören, bei welchem auf dem kranken Ohre statt des richtigen ein zu diesem in keinem harmonischen Verhältnis stehender Ton gehört wird. Nach dem Untergang aller Nervenendigungen ist schließlich die Wahrnehmung der ganzen Klangreihe bis zu den tiefsten Tönen herunter aufgehoben. Die Herabsetzung der Knochenleitung ist ein wenig verläßlicher diagnostischer Behelf.

Die Verhältnisse liegen jedoch nur scheinbar so einfach. Besondere Vorsicht ist bei wenig intelligenten Leuten geboten und bei geistig Höherstehenden selbst dann, wenn das eine Ohr intakt gefunden wird.

11*

Es gelingt uns nämlich beim besten Willen nicht, das andere, oft normal hörende Ohr vollständig vom Hörakt auszuschließen, und wenn eine vollkommene Ausschaltung auch erzielt werden könnte, so werden trotzdem noch die Schallwellen direkt von den Kopfknochen auf das im Felsenbein eingeschlossene Labyrinth der gesunden Seite übertragen. Diese Möglichkeiten sind bei der Beurteilung des Resultates einer Gehörprüfung stets in Betracht zu ziehen. Das Gesamtergebnis genau zu zergliedern und abzuwägen, wie viel auf Kosten des besser funktionierenden Organes zu setzen ist, erfordert eine große Uebung. läßt aber immerhin einen annähernd richtigen Schluß zu. Auch dem Ausfall der mittleren Töne bis zur zweigestrichenen Oktave kommt bei der Feststellung einer einseitigen Nervenläsion gewiß keine zu unterschätzende Bedeutung zu, da diese bei mäßig starkem Anschlage gewöhnlich nicht auf die andere Seite hinüber gehört werden.

Neben der Verminderung der Hörschärfe, welche sich bis zur vollständigen Taubheit steigern kann, käme als weiteres diagnostisches Mittel die elektrische Prüfung des Acusticus in Betracht. Es wäre nicht ausgeschlossen, daß wir im Beginn des Leidens bereits zu einer Zeit eine abnorme Steigerung der Reizbarkeit des Hörnerven nachweisen könnten, wenn die funktionelle Prüfung noch keine Anhaltspunkte für entzündliche Veränderungen im inneren Ohre darbietet. In der Regel dürfte jedoch dieses Symptom bei der tuberkulösen Panotitis fehlen, besonders in den vorgerückten Stadien der Erkrankung. Den verschiedenen Arten von subjektiven Gehörsempfindungen ist kein besonderer diagnostischer Wert beizulegen, da diese außer bei Affektionen des schallempfindenden Apparates auch bei denen des äußeren und mittleren Ohres fast regelmäßig angetroffen werden.

Leider sind bei der Tuberkulose des inneren Ohres auch die Symptome, welche auf das Vorhandensein von Reizzuständen im Vorhofsnerven hinweisen, meist nur angedeutet. Es ist ja genügend bekannt. daß die schweren Gleichgewichtsstörungen, wie wir sie bei traumatischen Läsionen sowie bei akut entzündlichen Prozessen des Labyrinths häufig beobachten können, bei Leiden mit langsamem, schleichendem Verlaufe wenig markiert sind und oft nur vorübergehend vorkommen. Ganz allmählich verlieren in solchen Fällen die Epithelzellen der vestibularen Nervenfasern ihre Erregungsfähigkeit, so daß dem Kranken hinreichend Gelegenheit geboten ist zu lernen. mit Hilfe seiner Augen die jeder Stellung und Haltung seines Körpers entsprechenden, peripheren Sinneseindrücke in der rechten Weise zu kombinieren, um nach und nach die frühere Sicherheit in seinen Bewegungen wiederzuerlangen. Andererseits können jedoch auch die von der erkrankten Seite ausgelösten Labyrintherscheinungen viel deutlicher hervortreten, so daß es nicht unangebracht erscheint, an dieser Stelle auf einige Merkmale aufmerksam zu machen, welche Störungen im Vorhof und in den Bogengängen vermuten lassen.

Im Vordergrunde des Krankheitsbildes steht ein mehr oder weniger starkes Schwindelgefühl. Die Leute glauben, daß der Boden unter ihnen schwanke, und sie selbst im Kreise herumgeschleudert würden. Andere sehen wieder, wie alle Gegenstände sich drehen oder auf- und abhüpfen. Der Schwindel veranlaßt die Patienten zu den verschiedensten Körperhaltungen. Manche können bloß auf dem Rücken, andere wiederum nur auf der Seite liegen. In zahlreichen Fällen sind die Gehstörungen ganz leichter Art und werden nur beim Gehen mit geschlossenen und aufwärts gerichteten Augen wahrgenommen oder nur bei schnellen Wendungen um die Seite des kranken Ohres. Oft sind aber die Gleichgewichtsstörungen so groß, daß die Kranken regellos hin - und hertaumeln, daß sie sich nicht mehr auf den Beinen erhalten, ja nicht einmal aufrecht mehr sitzen können.

Bei vielen Individuen wird gleichfalls ein nystagmusartiges Zucken zumeist beim Blick nach der ohrgesunden Seite hin beobachtet. Der Nystagmus tritt stets doppelseitig auf. Bedingung für das Zustandekommen desselben ist, daß die Endorgane des Nervus vestibularis durch den krankhaften Prozeß noch nicht gänzlich zum Schwund gebracht, sondern noch reizfähig geblieben sind. Wir können daher aus dem Vorhandensein der zitternden Bewegungen des Augapfels eine totale Zerstörung der Bogengänge ausschließen. Außerdem werden als häufige Begleitsymptome von Bogengangsläsionen noch Flimmern vor den Augen, ein Druck im Kopfe, sowie Erbrechen oder zum mindesten ein gewisses Unbehagen im Magen angeführt. Besonders bei Kindern verläuft das Leiden aber auch nicht gerade selten ganz symptomlos.

Die Bedeutung der soeben angeführten klinischen Merkmale wird wesentlich dadurch beeinträchtigt, daß keines derselben einer Vorhofbogengangsaffektion allein eigen ist. Es dürfte ja hinreichend bekannt sein, daß Schwindelanfälle, Uebelkeit und Erbrechen bei Ohrkranken überhaupt ziemlich häufig angetroffen werden, sowie durch pathologische Veränderungen im Centralnervensystem hervorgerufen werden können. Auch der Nystagmus kann experimentell durch Verletzung des Bodens des vierten Ventrikels, des Streifen- und Sehhügels, des Kleinhirnschenkels, ferner durch Reizung des Kleinhirns mittels hindurchgeleiteter konstanter Ströme, durch Exstirpation der Flocke und endlich durch Verschluß der Hirnarterien erzeugt werden. Hieraus erhellt, wie vorsichtig man bei der Deutung der einzelnen Labyrinthsymptome zu Werke gehen muß, wie eingehend dieselben zu prüfen und zu sichten sind, zumal da bei der tuberkulösen Entzündung des inneren Ohres die dem Felsenteile benachbarten Hirnpartien fast regelmäßig mehr oder weniger stark

in Mitleidenschaft gezogen werden, die ihrerseits wieder dieselben
klinischen Erscheinungen verursachen können.

Die Prognose der Tuberkulose des Ohrlabyrinths ist stets infaust
und zwar deshalb, weil infolge der freien Kommunikation des perilymphatischen Raumes mit dem Subarachnoidealraum bereits zu einer Zeit
eine Infektion des Schädelinhalts erfolgen kann, wo das häutige Labyrinth sowie der Nervus octavus noch keine Zeichen einer specifischen
Erkrankung darbieten. Abgesehen von den Scheiden der Gefäße und
Nerven, die der Entzündung einen freien Zugang zum Schädelinnern
gestatten, sind es vor allem die Venen der Vorhofs- und Schneckenwasserleitung, welche die Weiterverbreitung der Mikroorganismen
wesentlich erleichtern. Fast ausnahmslos gehen die an diesem Uebel
Dahinsiechenden an tuberkulösen bezw. eiterigen Entzündungen des
Hirns und seiner Häute sowie der großen Blutleiter zu Grunde.

Von einer Lokalbehandlung des Leidens kann nur insofern eine
Rede sein, als für einen freien Abfluß des Eiters aus dem komplizierten
Hohlraumsystem gesorgt werden muß, und dies geschieht am besten
nach den bereits bei der Therapie der Mittelohrtuberkulose aufgestellten
Grundsätzen. Jedenfalls muß vor irgendwelchem operativen Eingriff
an der Labyrinthkapsel selbst dringend gewarnt werden, ein solcher
Schritt wäre nutzlos und darum unverzeihlich.

Folgende hierhergehörige Krankengeschichte dürfte besonders ihrer
Komplikation wegen nicht uninteressant sein und soll deshalb an dieser
Stelle kurz eingefügt werden.

Leni P., 44-jährige Wärterin aus dem allgem. landschaftlichen Kranken-
hause zu Graz.

Pat. ist Witwe, war 3 Jahre verheiratet, aber nie schwanger. Die
Kranke ist mütterlicherseits stark erblich belastet, zwei Geschwister gingen
an Lungentuberkulose zu Grunde, ein Bruder lebt noch und ist angeblich
gesund. Pat. unterzog sich vor 14 Jahren wegen eines Frauenleidens
einer Laparotomie und vor 6 Jahren einer Bruchoperation. Von Jugend
auf war Pat. skrofulös.

Die Kranke will stets gut gehört haben und war immer ohrgesund
bis zum Sommer 1897. Damals stellte sich plötzlich aus unbekannter
Ursache ein mäßig starkes Sausen und Klopfen, aber ohne besondere
Schmerzen, im linken Ohre ein, das einige Tage anhielt. Hierauf
trat ein eiteriger Ausfluß auf, der unter zunehmender Schwerhörigkeit
und unter anhaltenden, subjektiven Geräuschen in mäßiger Menge fort-
bestand, ohne daß Pat. irgendwelche Beschwerden verspürt hätte. Das
war auch der Grund, weshalb sich die Kranke trotz ihres Aufenthaltes
im Spital nicht in ärztliche Behandlung begab. Pat. versah ohne Unter-
brechung ihren Dienst als Nachtwärterin der chirurgischen Abteilung
und wechselte nur unregelmäßig die Watte.

Seit Weihnachten 1897 leidet Pat. an Husten mit mäßigem Auswurf
und bemerkte hier und da Stechen auf der Brust und zwischen den
Schultern. Ebensolange verspürt Pat. auch Schmerzen bei Bewegungen
im Genick und seit April 1898 hat sich eine Geschwulst an der rechten

Halsseite unterhalb der Ansatzstelle der Ohrmuschel entwickelt. Seit Anfang Juni d. J. nahm Pat. ein zeitweiliges Stechen im linken Ohre wahr, der Ausfluß, welcher bereits seit 2 Monaten stank, wurde stärker, es stellte sich ein so heftiger Schwindel ein, daß die Kranke sich nicht mehr aufrecht erhalten konnte und sich niedersetzen mußte, um nicht zu Boden zu fallen. Dabei tanzten alle Gegenstände vor ihr wie ein „Ringelspiel". Zur Zeit ist der Schwindel schon etwas geringer, aber immer noch ziemlich stark. Der Kopf ist etwas eingenommen, der Appetit gut. Dann und wann machen sich leichte Temperatursteigerungen bemerkbar. Seit Mitte April zunehmende Lähmung des linken Facialis. Am 22. Juni 1898 kam Pat. zum ersten Male hilfesuchend zur Ohrenklinik.

Die Kranke ist eine kleine, abgemagerte, anämische Person. Ungefähr in der Mitte zwischen absteigendem Kieferwinkel rechterseits und der Wirbelsäule befindet sich eine ungefähr 4—5 cm lange Narbe, die von der Spaltung eines Lymphdrüsenabscesses herrührt, welche vor 18 Jahren in einem Wiener Spital ausgeführt wurde. Ueber dem oberen Teile des rechten Kopfnickers sitzt eine kleinapfelgroße, sich teigig anfühlende Geschwulst.

	W		
R	?	L	
0,30	U	v	
+ (U_s / U_n) +			
8,0 (St / Fl	2,0 (?)	"	
14" c_n	10"		
+ 20" R	—		
. c	θ		
— 11" c^4	— 27"		
C_{-2}—c^8	H c^1 - c^5		

R. Trommelfell matt, grau, getrübt. stärker eingezogen.

L. Ohrmuschel weit abstehend. starke Infiltration der Weichteile über dem Warzenfortsatz. Hintere Gehörgangswand vorgewölbt, an der Grenze zwischen knorpeligem und knöchernem Abschnitt Granulationen. Reichliche, überaus fötide Eiterung. Lähmung aller Facialisäste.

Rhinopharyng. chron.

Diffuse, katarrhalische Erscheinungen über den Lungen. Herz gesund. Urin eiweiß- und zuckerfrei. Augenhintergrund nicht entzündlich verändert.

Am 23. Juni 1898 wurde von mir die Radikaloperation ausgeführt. Nach Spaltung der stark infiltrierten Weichteile und Zurückschiebung des Periostes erscheint die äußere Knochenschale des Zitzenfortsatzes auffallend blaß, nirgends arrodiert. Nach Vorklappung der Ohrmuschel bemerkt man eine ausgebreitete, schmutzig graugrüne Verfärbung der oberen Gehörgangswand, welche sich auch noch in die hintere Wurzel des Jochfortsatzes hinein erstreckt. An Uebergang in den knöchernen Teil ist der häutige Gehörgangsschlauch von morschen, bläulich-roten Granulationen durchbrochen. Dicht unterhalb der Corticalis stößt man bereits auf mißfarbige, zellige Räume, welche bis zum Antrum hin mit käsigen, überaus stinkenden Eitermassen erfüllt sind. Wegnahme der teilweise angenagten hinteren Gehörgangswand, deren häutiger Ueberzug in großer Ausdehnung zerstört ist, und des vorderen Abschnittes der zum größten Teil arrodierten lateralen Adituswand. Aus der Paukenhöhle werden hierauf Hammer und Ambos entfernt, deren Körper und Fortsätze cariös erscheinen. Nachdem alle Mittelohrräume frei und übersichtlich daliegen, wird von einer weiteren Entfernung des morschen Knochens abgesehen, welcher sich sowohl gegen den Felsenteil, gegen die Schuppe und die hintere Schädelgrube zu noch weithin krank erweist. An einer

umschriebenen Stelle ist der Sinus sigmoideus freiliegend, seine häutige
Wand mit Granulationen bedeckt.

Reinigung der Wundhöhle von den überaus stinkenden Massen,
Spaltung des noch vorhandenen Gehörgangsschlauches, Bildung eines
oberen und unteren Lappens, Naht der Wundwinkel, Tamponade, Deckverband.

24. Juni. Pat. hat die Operation relativ gut überstanden und fühlt
sich im Kopf freier. Temp. 37,2 ⁰. Puls 100—116. Im Ohreiter finden
sich vorwiegend Staphylokokken nebst Streptokokken und Fäulnisbakterien
vor. Unter 6 Deckglaspräparaten können nur in dem einen 2 dicht neben-
einandergelagerte Tuberkelbacillen entdeckt werden. Die histologische
Untersuchung einer dem Warzenfortsatz aufliegenden Lymphdrüse sowie
von Granulationen aus der Wundhöhle bieten das typische Bild der Tuberkulose dar.

25. Juni. Erster Verbandwechsel: Die Decklage ist ziemlich stark
durchfeuchtet, der Gestank ist viel geringer. Der allseitig freiliegende
Knochen ist grauweiß, zerklüftet, abgestorben. Gegen 4 Uhr nachmittags
38,2. Puls zwischen 104—108. Allgemeinbefinden zufriedenstellend,
Appetit gut.

27. Juni. Gestern und heute keine Temperaturerhöhung. Sekretion
sehr stark, noch fötid.

4. Juli. Anhaltend abendliche Temperatursteigerungen bis 38,3. Puls
zwischen 100—112. Heute gar 39 ⁰. Wegen der starken Sekretion seit
28. Juni täglich zweimaliger Verbandwechsel. Stärkere Schmerzen bei
Bewegungen im linken Kiefer- und Atlantooccipitalgelenk.

7. Juli. Gestern und heute Stirnkopfschmerz, abendliche Temperaturen
bis 37,9 ⁰. Puls 108. Starke Sekretion aus der Wundhöhle, Gestank
bedeutend besser. Laterale Labyrinthwand, Warzenfortsatzhöhle, obere
Gehörgangswand cariös, schmutzig-grau verfärbt.

7. Aug. Am 1. Aug. ist Pat. wegen Schluß der Klinik während der
Sommerferien auf die 2. med. Abteilung übergeführt und kommt seitdem
täglich ins Ambulatorium des Verbandwechsels wegen. Im allgemeinen
ist das Befinden der Kranken nicht besorgniserregend. Seit einigen Tagen
klagt sie zeitweise über stechende Schmerzen in der rechten unteren
Brusthälfte und im Genick bei Bewegungen des Kopfes. Dann und wann
Kopfweh, links stärker als rechts. Allabendliches Fieber bis zu 38,4 ⁰.
Die Wundhöhle zeigt nirgends eine Tendenz zur Heilung. Stärkere
Granulationsbildung am Sulcus sigmoideus und an der medialen Aditus-
und Antrumwand.

1. Sept. Mit der Kranken scheint es bergab zu gehen. Sie hat das
Gefühl der Hinfälligkeit und Mattigkeit, ihre Hautfarbe ist blaß und fahl.
Dumpfer Druck in der linken Kopfhälfte. Keine Pulsverlangsamung, kein
Erbrechen. Die allabendlichen Temperatursteigerungen halten an. Appetit
trotzdem auffallend gut. Ohrbefund derselbe.

10. Sept. Pat. hatte gestern Ausgang und hat bei dieser Gelegenheit
20 Zwetschkenknödel gegessen. Ihr Appetit ist auffallend stark. Ihre
Gemütsstimmung ist meist melancholisch. Es ist keine Beeinträchtigung
der Sprache im Verkehre nachweisbar. Stärkerer Kopfschmerz in der
linken Schläfegegend nebst erhöhter, lokaler, perkutorischer Empfindlichkeit über der ganzen Schuppe. Keine Pulsverlangsamung. Puls zwischen
92—100.

17. Sept. Gestern Abend plötzliche Verschlechterung des Allgemeinbefindens. Temp. 38,3 °. Puls 100. Starker Kopfschmerz, schlaflose
Nacht. Heute Morgen 39 °. Puls 96. Pat. wird benommen, das Sensorium,
das bis dahin frei war, macht einer sich steigernden Bewußtlosigkeit Platz.
Abendl. Temp. 38 °. Puls 84.

18. Sept. Pat. ist vollständig benommen. Nackensteife ausgesprochen.
Mäßige Temperaturerhöhung bis 37,9 °. Allgemeine Konvulsionen wechseln
mit tonischer Anspannung der Muskeln ab. Automatische Bewegungen.

20. Sept. Pat. ist nicht wieder zu sich gekommen. Reflexe geschwunden,
Pupillen weit und starr. Puls klein, 128 Schläge. Die Atmung wird un-
regelmäßig, stertorös. Die Extremitäten und Sphincteren sind gelähmt.
Exitus letalis $1/_2 1$ Uhr früh.

Sektionsprotokoll vom 22. Sept. 1898 (Dr. SCHAUENSTEIN).

Kleine, abgemagerte, weibliche Leiche. Abdomen leicht vorgewölbt,
an demselben in der Linea alba oberhalb der Symphyse eine lineare, ungefähr 6 cm lange Narbe. Retroauriculäre Wundhöhle links.

Schädeldach länglich-oval, ziemlich dick, Dura an der Schädeldecke
leicht adhärierend, blutreich. Pia an der Konvexität gespannt, Gyri ab-
geplattet, Sulci verstrichen, hauptsächlich links. Pia an der Basis eiterig
infiltriert.

Die Pia des Scheitels des linken Schläfelappens mit der Dura über
der Schläfebeinpyramide links fest verwachsen. Die Dura daselbst vom
Knochen blasig abgehoben in einem Umkreise von 5 cm, fluktuierend;
beim Einschneiden daselbst entleeren sich eiterähnliche Massen und nekrotische Bröckeln. Am Schnitt sieht man, daß Granulationsmassen von
der Dura aus in die fest verwachsenen Gyri des Schläfelappens hinein-
wuchern. In diesen Wucherungen sieht man knötchenartige, gelbliche
Gebilde, und eine eiterähnliche Flüssigkeit ist hier abstreifbar.

Bei der Herausnahme des Gehirns muß die Spitze des linken Schläfelappens gekappt werden, wobei sich reichlich dickflüssige, eiterähnliche
Massen aus einem daselbst befindlichen Hohlraum entleeren. Dieser Hohlraum ist ungefähr 8 cm lang und 5 cm breit und erstreckt sich nach
hinten und einwärts in das Marklager der Großhirnhemisphäre fast bis
zum Hinterhorn des linken Seitenventrikels, mit welchem durch eine ungefähr 1 cm im Durchmesser haltende Oeffnung mit fetzigen Rändern
eine Verbindung hergestellt erscheint. Nach oben und medianwärts reicht
der Hohlraum bis hart an die großen Ganglien, welche aber makroskopisch
unverändert sind. Den Inhalt des Hohlraumes bildet eine eiterähnliche
Masse, die Wandungen bestehen aus fettigen Gehirnmassen. Linker
Ventrikel erweitert, mit rahmig-gelbem Eiter erfüllt. Ependym mächtig
verdickt, braunrot gefärbt, die angrenzende Gehirnpartie blutig imbibiert.
Der Plexus ebenfalls sehr belegt. Rechter Ventrikel ziemlich weit, Ependym zart. Im mittleren wie im 4. Ventrikel ebenfalls eiteriges Exsudat.
Ependym blutig imbibiert. Kleinhirn und Pons makroskopisch normal.
Der linke Sinus sigmoideus in seiner ganzen Länge durch einen fest an-
haftenden Thrombus verschlossen, im rechten dunkle Blutgerinnsel.

Unterhautzellgewebe fettarm, Muskulatur sehr spärlich. Lungen frei,
Herz klein. Höhlen gehörig weit, Wandungen entsprechend dick, Muskulatur hart, zäh; dunkelbraun. Klappen zart. wohlgeformt.

Linke Lunge ziemlich klein, leicht. Die bronchialen Lymphdrüsen
in einen ungfähr 4 cm langen und 3 cm breiten, vollständig verkästen
Knoten verwandelt. Oberlappen lufthaltig, durchfeuchtet, in seiner Spitze

eine erbsengroße Stelle von dicht konglomerierten, miliaren Knötchen, die von dem Bindegewebe umschlossen werden. Unterlappen blutreich, lufthaltig. Rechte Lunge an der 5. Rippe anhaftend. Nach Durchschneidung der Adhäsion entleert sich gelblicher Eiter. Diese Rippe erscheint an dieser Stelle frakturiert, die Bruchenden arrodiert, cariös. Pleura sonst zart. Die bronchialen Lymphdrüsen so wie links. Oberlappen lufthaltig, in den unteren Partien einige gruppierte Knötchen. Unterlappen lufthaltig, blutreich.

Halsorgane normal. Die Lymphdrüsen am Halse sind mächtig vergrößert, ebenso an der Bifurkation der Trachea, daselbst verkäst. Am Halse reichen die vergrößerten Lymphdrüsen linkerseits bis zum Hinterhaupt.

Die letzten Dünndarmschlingen sind untereinander und mit dem Peritoneum der vorderen Bauchwand und des kleinen Beckens verwachsen. Milz 10 cm lang, 8 cm breit, Kapsel verdickt, Gewebe weich, braunviolett, pulpareich. Linker Ureter gehörig gestaltet. Linke Niere entsprechend groß, Kapsel zart, leicht abziehbar. Oberfläche glatt. Corticalis gelbbraun, brüchig. Pyramiden deutlich, Becken und Kelche normal. Rechter Ureter erweitert und geschlängelt bis ins kleine Becken, woselbst er durch die Peritonealadhäsion des Darmes geknickt erscheint. Becken und Kelche der rechten Niere erweitert. Kapsel adhärierend. Corticalis graubraun, verschmälert. Pyramiden klein, Papillen atrophisch. Magen gehörig. Im Dickdarm breiige Faeces. Schleimhaut grau gefärbt. sonst gehörig. Dünndarm blaß und zart. Leber ziemlich klein. Gewebe brüchig, gelbbraun, ihre Zeichnung verwischt. Harnblase leer, Schleimhaut leicht gerötet. Linke Adnexa frei, rechte fixiert im hinteren DorGLas'schen Raum und mit den letzten Ileusschlingen verwachsen.

Am Sternum entsprechend dem Ansatze des 3. rechten Rippenknorpels ein cariöser Herd. Daselbst befindet sich auch ein mit dickem, gelblichem Eiter gefüllter Absceß.

Pathol.-anat. Diagnose: Meningitis, Ependymitis purulenta. Abscessus lobi temporal. sinistri. Thrombosis sinus sigmoidei sinistri. Caries ossis temporal. sinistri tuberculosa. Tuberculosis glandul. lymphatic. bronchialium et colli accedent. tubercul. miliari pulmonum. Caries costae V et sterni. Degeneratio adiposa renum et hepatis. Pelveo-peritonitis adhaesiva chronica. Hydronephros. lat. dextri.

Noch an demselben Tage wurde die Sektion des linken Schläfebeins vorgenommen, welches nach Ablösung aller Weichteile folgenden Befund darbot.

Alle Teile des Os temporum sind in ausgedehntem Maße am Krankheitsprozeß beteiligt. Vom Zitzenfortsatz aus hat sich die Caries bis zum Processus condyloideus des Hinterhauptbeins fortgesetzt und medianwärts auf eine größere Strecke die knöcherne Rinne des Hirnquerblutleiters zum Schwund gebracht, durch welche mißfarbene, schwammige Granulationen zur Schädelhöhle vordringen und den thrombosierten Sinus von seiner Unterlage abheben. Nach oben zu greift die tuberkulöse Entzündung auf den Schuppenteil über. Die tiefe cariöse Annagung des Knochenblattes nimmt eine Höhe von $3^{1}/_{2}$ cm und eine Breite von 6 cm ein und reicht vom Warzenfortsatzwinkel des Scheitelbeins bis zur vorderen Wurzel des Jochfortsatzes. Untere, vordere, obere Gehörgangswand sowie das Dach des Kiefergelenkes bieten gleichfalls tiefgreifende Zerstörungen dar. Soweit die Dura der mittleren Schädelgrube der Schuppe und dem Paukendach anliegt, ist sie von der allenthalben gelbgrünlich verfärbten, arrodierten Unterlage durch eine ausgebreitete extradurale Eiteransammlung abgehoben. Nur an der hinteren Fläche der Felsenbeinpyramide liegt die harte Hirnhaut dem Knochen noch fest an.

Die Caries der Pars petrosa greift nach vorn und medianwärts zum Teil auch noch auf den Keilbeinkörper über.

Die histologische Untersuchung des Gehörorgans sowie einzelner Teile des Gehirns und seiner Häute förderte folgende Einzelheiten z Tage.

Im knöchernen Abschnitt der Ohrtrompete zeigt die Schleimhaut überall eine hochgradige entzündliche Infiltration. Zwischen ihren Schichten sind zahlreiche miliare Knötchen eingelagert, welche durch ihren typischen Bau und durch das Vorhandensein reichlicher LANGHANS'scher Riesenzellen als echte WAGNER-SCHÜPPEL'sche Tuberkel erkannt werden. Die Auskleidung der Paukenhöhle ist in ein mächtiges Polster tuberkelhaltigen Granulationsgewebes umgewandelt, welches der zumeist nur oberflächlich angenagten lateralen Labyrinthwand und dem arrodierten Trommelhöhlenboden aufgelagert erscheint. In breitem Strom ergießen sich die tuberkulösen Bildungen in den Kanal des Facialis, dessen einzelne Fasern in den entzündlichen Produkten kaum noch zu erkennen sind. Die Zerstörung des Gesichtsnerven läßt sich bis zum Foramen stylo-mastoideum und bis zum inneren Gehörgang verfolgen. Dicht oberhalb der Fenestra ovalis hat ein Einbruch in die Ampulle des horizontalen Bogenganges stattgefunden. Während das ovale Fenster noch einen festen Wall gegen die anstürmenden tuberkulösen Massen bildet, hat das Nebentrommelfell den andringenden Wucherungen keinen erfolgreichen Widerstand mehr leisten können, und auch hier schiebt sich das charakteristische Granulationsgewebe gegen das Labyrinth vor. Von der Paukentreppe des Vorhofabschnittes aus dringen die Wucherungen durch die teilweise zerstörte Basilarmembran in den Ductus cochlearis ein. Das CORTI'sche Organ sowie die REISSNER'sche Membran sind in dem Destruktionsprozeß vollständig aufgegangen, so daß eine weite Verbindung mit der Vorhotstreppe hergestellt ist. Endo- und perilymphatischer Raum gehen ohne ausgesprochene Grenzen unmittelbar ineinander über. Das Innere des Schneckenkanals ist mit einem zellarmen Bindegewebe ausgefüllt, welches an einigen Stellen bereits eine beginnende Verkäsung erkennen läßt. Am hochgradigsten sind die pathologischen Veränderungen vornehmlich in der basalen Windung, gegen die Spitze zu nehmen sie bedeutend ab.

Im Vorhof und in den Bogengängen beschränkt sich die tuberkulöse Entzündung ausschließlich auf den perilymphatischen Raum. Besonders stark ausgeprägt ist dieselbe an der lateralen Wand der Cisterna perilymphatica, sowie im horizontalen und unteren vertikalen Bogengange. Die dünne periostale Auskleidung des Vorhofs sowie das zarte Bindegewebsnetz, welches allenthalben die Säckchen mit der Vestibularwand verbindet, ist von einem teils zellreicheren, teils zellarmen Granulationsgewebe überwuchert, in welches nicht selten hier und da ausgedehnte Blutungen stattgefunden haben. Im Stamm des Hörnerven stößt man auf eine ziemlich hochgradige, interstitielle Neuritis, aber auch auf etliche rundliche Zellanhäufungen, welche sich besonders in der Umgebung der Gefäße zu typischen Lymphoidzellentuberkeln vereinigt haben.

Neben der lakunären Resorption, welcher beinahe sämtliche spongiösen Knochenteile des Felsenteils sowie ein Teil der starren äußeren Hülle des Labyrinths anheimgefallen waren, fehlte es doch auch nicht an Wucherungsvorgängen in der Umgebung einzelner tuberkulöser Knochen-

herde. In den Wandungen der Carotis konnten keine miliaren Knötchen
nachgewiesen werden, wohl aber in der häutigen Wand des thrombosierten
Sinus sigmoideus.

Weder makroskopisch noch durch die histologische Untersuchung
ließ sich eine direkte Verbindung der extraduralen Eiteransammlung über
dem Paukendache mit dem Schläfelappenabsceß feststellen. Die Höhe
der von der Dura ausgehenden Tuberkeleruptionen betrug an dieser Stelle
ungefähr 3 cm. An ihrer Innenfläche reihte sich ein Tuberkel an den
anderen. Soweit hier der Absceßboden von einer sehr schmalen Schicht
Hirnsubstanz gebildet wurde, war diese gleichfalls Sitz tuberkulöser Herde.
Nirgends setzte sich der Eitersack durch eine Granulationsmembran
gegen die Umgebung ab. Schnitte durch den Seitenventrikel in der Nähe
des Durchbruches zeigten eine ödematöse Durchtränkung und Erweichung
des benachbarten Hirngewebes, welches von zahlreichen kapillaren Blutungen
durchsetzt war. Das Ependym ließ akut entzündliche Veränderungen erkennen. Die Absceßwand wurde auch am Dach des Unterhorns von im
Zerfall befindlichen, nervösen Gewebsteilen gebildet; miliare Tuberkel
wurden nirgends angetroffen. Der Absceßinhalt unterschied sich vom
Ohreiter hauptsächlich dadurch, daß in ihm weder Tuberkelbacillen noch
Trauben- und Kettenkokken gefunden wurden. Es konnten nur wenige
Mikrobakterien und einige Proteusarten nachgewiesen werden. Im übrigen
war er überaus reich an Detritus und Zerfallsprodukten des Nervenmarks.
Eine große Anzahl Eiterkörperchen befanden sich im Zustand fettiger
Entartung.

Vorstehende Krankengeschichte ist in mehrfacher Hinsicht überaus
lehrreich. Was zuerst die Entstehungsart der Tuberkulose des Gehörorgans in diesem Falle anbelangt, so kann nicht daran gezweifelt
werden, daß hier die Infektion der Mittelohrräume auf dem Wege der
Blut- bezw. der Lymphbahn stattfand. Dafür spricht vor allem der
Umstand, daß in den Lungen kein älterer Herd gefunden wurde, von
dem aus vielleicht ein Eindringen der Tuberkelbacillen in die Paukenhöhle durch die Tuba Eustachii hätte erfolgen können. Gleichwie die
Caries der 5. Rippe und des Brustbeins, so schloß sich auch die tuberkulöse Entzündung des Os temporum, welche schließlich noch auf Keil-
und Hinterhauptbein übergriff, an die chronische Tuberkulose der Hals-
und Bronchialdrüsen an.

Das Fortschreiten des Prozesses auf die laterale Labyrinthwand
machte sich bereits Mitte April 1898 durch die zunehmende Lähmung
des Facialis bemerkbar. Die heftigen Schwindelanfälle, welche zuerst
Anfang Juni beobachtet wurden, deuteten mit großer Wahrscheinlichkeit
auf Reizzustände im Vorhof-Bogengangapparat hin und finden, wie durch
die histologische Untersuchung später auch festgestellt wurde, ihre Er-
klärung in Entzündungsvorgängen in der Ampulle des horizontalen
Bogenganges. Ob der Einbruch der tuberkulösen Massen durch das
runde Fenster vor oder im Verlaufe der Behandlung eingetreten ist,
läßt sich mit voller Gewißheit kaum feststellen. Es scheint jedoch nicht
unwahrscheinlich, daß die Zerstörung des Nebentrommelfells erst später
stattfand, da die pathologischen Veränderungen in der Schnecke sich

vorwiegend nur auf die basale Windung beschränkten. Die schon früh-
zeitig verspürten Beschwerden bei Bewegungen des Kopfes sind wohl
auf die Caries des Gelenkfortsatzes des Hinterhauptbeins zurückzuführen,
vielleicht auch auf Spannungsanomalien, bedingt durch die Größe der
über der seitlichen Halsgegend sitzenden Lymphdrüsenpakete. Es
braucht wohl nicht erst besonders darauf aufmerksam gemacht zu werden,
daß der fast schmerzlose Beginn des Leidens eine tuberkulöse Affektion
sofort vermuten ließ.

Die Erkrankung des Hirns und seiner Häute ist auf eine Kontakt-
infektion vom benachbarten Knochen aus zurückzuführen. Die breite
Verbindung, welche durch den umfangreichen Defekt in der Rinne des
großen Hirnquerblutleiters zwischen der hinteren Schädelgrube und der
retroauriculären Wundhöhle hergestellt war, verhütete hier eine Eiterstauung und somit jedenfalls auch einen jauchigen Zerfall des thrombosierten Sinus. Anders lagen die Verhältnisse in der mittleren Schädelgrube. Ueber dem cariösen Paukendach entwickelte sich zunächst eine
umschriebene Pachymeningitis und weiterhin eine Verklebung der
schmutzig-grün verfärbten, mit Tuberkeleruptionen besetzten Dura mit
der anliegenden Pia und Hirnrinde.

Die Infektionserreger, welche den Keim zum Schläfelappenabsceß
legten, wurden durch rückläufige Thrombose und Phlebitis kleiner, aus
der Hirnoberfläche in die Piavenen mündender Gefäße oder längs der
Lymphräume, welche diese scheidenförmig umgeben, in die Tiefe gebracht.
Die extradurale Eitersammlung, die vergebens einen Ausweg durch das
morsche Tegmen tympani suchte, sowie der Hirnabsceß vergrößerten
sich nur ganz allmählich. Als Initialsymptom des Hirnabscesses können
wir nachträglich gewiß die anhaltende, mäßig hohe, abendliche Tempe-
ratursteigerung ansehen. Deutlicher traten erst die Zeichen einer intracraniellen Komplikation Ende August hervor, wo der dumpfe Druck
in der linken Kopfhälfte, das Gefühl der Hinfälligkeit und Mattigkeit
die blasse und fahle Gesichtsfarbe, die melancholische Gemütsstimmung
eine schwere cerebrale Erkrankung vermuten ließen. Uebelkeit und
Erbrechen, eine Verminderung der Pulsfrequenz oder sensorische Sprach-
störungen wurden nie beobachtet. Auffallend war noch der an Gefräßig-
keit grenzende, übergroße Appetit der Patientin. Das Terminalstadium
setzte überaus markant am 4. Tage vor dem Ableben der Kranken ein.
Zu dieser Zeit hatte jedenfalls an der Durchbruchsstelle zwischen Unter-
und Hinterhorn die den Absceß umgebende entzündliche Erweichung
das Ependym des Seitenventrikels erreicht und zur Entwickelung der
Leptomeningitis purulenta geführt. Nach und nach nahm die Ventrikel-
fistel an Umfang zu, und mit dem Einbruch größerer Eitermengen aus
dem encephalitischen Herde bekam die Atmung den Typus des CHEYNE-
STOKES'schen Phänomens und hörte schließlich gänzlich auf.

Der Schläfelappenabsceß war kein rein tuberkulöser, wenn auch
an der Ausgangsstelle am Paukendach eine schmale, dem Tuberkel-

knoten der Dura anliegende Hirnschicht die für Tuberkulose charakteristischen Veränderungen darbot. Andere Abschnitte des Absceßbodens
waren frei von miliaren Knötchen. Der größte Teil der ursprünglichen
Eitererreger mußten im Verlaufe der Krankheit im Absceßinhalt zu
Grunde gegangen sein, denn die bakteriologische Untersuchung förderte
hauptsächlich Proteusarten neben einzelnen Mikrokokken zu Tage. Der
encephalitische Herd war das Ergebnis einer Mischinfektion.

Vorliegende Abhandlung

würde nur ein unfertiges Bild der Ohrtuberkulose darstellen, wollten
wir nicht zum Schluß noch die durch die tuberkulösen Entzündungen des Gehörorgans hervorgerufenen Erkrankungen des Hirns,
seiner Häute und Blutleiter ganz kurz der Schilderung beifügen.
Sind es doch gerade die intracraniellen Komplikationen, welche besonders zahlreiche Opfer fordern und uns den Ernst des Leidens
so recht erkennen lassen. Schon längst haben ältere französische Autoren darauf hingewiesen, daß die tuberkulöse Caries
des Felsenbeins namentlich bei phthisischen Kindern nicht selten unter
Pyämie und Meningitis zum Tode führt. SCHWARTZE, v. TRÖLTSCH
u. a. machten ebenfalls die Erfahrung, daß öfter jugendliche Individuen
mit Caries des Warzenfortsatzes trotz des operativen Eingriffes, dessen
Erfolg anfänglich allem Anscheine nach ein günstiger gewesen war,
4—6 Wochen später an tuberkulöser Hirnhautentzündung zu Grunde
gingen. Auch HENOCH betont an mehreren Stellen seines Lehrbuches die
Häufigkeit der Kombination von Felsenbeincaries mit Hirntuberkeln
und hält sie nach seiner reichen klinischen Erfahrung bei Kindern für
viel häufiger, als die Verbindung mit eiteriger Meningitis und Hirnabsceß. Spätere Untersuchungen haben gleichfalls hinreichend klargelegt,
daß auch bei Erwachsenen dieselben Folgezustände durchaus nicht zu
den Seltenheiten gehören. Allerdings wird in der Mehrzahl der Fälle
der Beweis nicht unschwer zu erbringen sein, ob die Tuberkulose des
Schädelinhalts thatsächlich vom Gehörorgan aus erfolgt ist, oder ob
beide Erkrankungen nur Teilerscheinungen einer von einem älteren
Herde gemeinsam ausgehenden Allgemeininfektion sind. Um den Nachweis einwandsfrei zu liefern, muß man den Weg genau aufdecken, den
die Krankheitserreger einschlagen, um vom mittleren oder inneren Ohre
aus auf das Hirn und seine Häute überzugehen.
    Die Verbreitung der Tuberkulose des Gehörorgans auf das Schädel-
innere findet einerseits durch Kontakt statt, andererseits dadurch, daß
die Mikroorganismen auf dem Wege der Blut- bezw. Lymphbahn oder
längs der Nerven aus entfernteren Teilen des Schläfebeins in die Schädelhöhle gelangen. Ein Uebergang der Entzündung vom erkrankten Knochen
auf die harte Hirnhaut erfolgt am leichtesten am Paukendach oder vom

Warzenfortsatz her auf die durale Hülle des Sinus sigmoideus. Es ist aber gleichfalls nicht ausgeschlossen, daß die Knocheneiterung von der Trommelhöhle, selbst ohne Verletzung der Labyrinthkapsel, durch die pneumatischen und diploetischen Räume der Felsenbeinpyramide gegen die hintere Fläche derselben vordringen kann. Von großem praktischen Interesse sind aber auch jene zurückgebliebenen Nähte, in deren Spalten Bindegewebszüge in Gemeinschaft mit nutritiven Gefäßen verlaufen, die einen direkten Zusammenhang zwischen Dura mater und Auskleidung des Mittelohrs bilden. Abgesehen von der Sutura mastoid. squamosa und der Fissura tympan. squamosa posterior (GRUBER), die entweder entzündliche Prozesse vom Periost des Zitzenfortsatzes oder des Gehörganges auf die Schleimhaut der Warzenzellen fortpflanzen und so indirekt wirken können, erfordern vor allem zwei Bindegewebsstränge die eingehendste Beachtung, erstens die von v. TRÖLTSCH sogenannte Fossa subarcuata und zweitens die Fissura petros. squamosa. v. TRÖLTSCH macht wiederholt auf diese Spalten aufmerksam, und mehrere klinische Sektionen, auch bei tuberkulösen Kindern, haben obige Angaben in vollem Maße bestätigt (64).

Daß dann und wann die Bündel des Facialis und Acusticus die Vermittlerrolle übernehmen, ist schon wiederholt erwähnt worden und braucht deshalb hier nicht neuerdings hervorgehoben zu werden.

Von höchster Wichtigkeit ist aber die Beförderung der Entzündungserreger durch die Blut- bezw. Lymphbahn, vor allem durch die venösen Gefäße. Abgesehen von den Fällen, in welchen der große Hirnquerblutleiter durch Kontakt mit dem kranken Knochen oder einer extraduralen Eiteransammlung infiziert wird, kann sich eine Phlebitis der Vena emissaria mastoidea auf den Sinus lateralis fortsetzen, oder es können entzündliche Thrombosen der Wasserleitungsvenen und der Vena auditiva interna in den Sinus petrosus inferior bezw. in den Bulbus der Vena jugularis hineinwachsen. Daß auch der Venenplexus im Carotiskanal eine Infektion vermitteln kann, geht aus dem Fall 8 von HABERMANN hervor, der in der Adventitia der Arterie einzelne miliare Tuberkel vorfand.

Infolge der freien Kommunikation des perilymphatischen Raumes des Labyrinths mit dem Subarachnoidealraum, welche in der Hauptsache durch die Schneckenwasserleitung sich vollzieht, ist eine Verschleppung der Bakterien auf die Hirnoberfläche überaus naheliegend. Bei einer Verbreitung des Eiters durch den Aquaeductus vestibuli entsteht in der Regel ein Empyem des in die Dura eingebetteten Saccus endolymphaticus, welches leichter das der hinteren Felsenbeinwand anliegende, dünnere Blatt durchbricht als die dem Kleinhirn zugekehrte Seite.

Da die Tuberkulose des Gehörorgans bei längerer Dauer des Leidens stets eine Mischinfektion darstellt, so wird sie fast immer gleichzeitig zur tuberkulösen und zur eiterigen Infektion der Schädelhöhle führen.

Vorwiegend tuberkulöse Prozesse verlaufen weniger stürmisch und lang-samer als eiterige, welche in der Regel den Tod des Kranken schon zu einer Zeit veranlassen, wo es noch nicht zu deutlichen Tuberkel-eruptionen gekommen ist. Eine scharfe Trennung zwischen beiden Erkrankungsarten läßt sich nur schwer durchführen, obgleich nicht un-erwähnt bleiben darf, daß reine Formen, z. B. die Meningitis tuber-culosa, nicht gerade selten beobachtet wird.

Wird die Dura mater durch einen cariösen Prozeß im Schläfebein freigelegt, so nimmt sie, soweit sie dem mißfarbenen, brüchigen oder fistulös durchbrochenen Knochen anliegt, dieselbe schmutzig-grüne bis rotbraune Farbe an, oder es sprossen auf ihrer Oberfläche Granulations-massen empor, die dem Vordringen pathogener Keime ein Hindernis entgegenzusetzen suchen (Pachymeningitis externa purulenta). Diese Wucherungen werden gewöhnlich vom Eiter umspült. Ist der Abfluß desselben nach außen verlegt, so sammelt er sich innerhalb des Schädels an und führt zu mehr oder weniger ausgedehnten, flächenhaften Ab-hebungen der harten Hirnhaut, zum sogenannten extraduralen Absceß. Außer der epitympanischen und perisinuösen Eiteransammlung kennen wir noch einen dritten, durch eine Labyrintheiterung verursachten Extra-duralabsceß, dessen Mittelpunkt nach JANSEN meist dort liegt, wo die hinteren Schenkel der vertikalen Bogengänge zusammenstoßen. Die specifische Natur der Krankheit erkennt man aber bald daran, daß an der Dura nach einiger Zeit disseminierte, graue Knötchen auftreten. Sowohl an ihrer Außen- wie Innenfläche bilden sich pachymeningitische, tuberkelhaltige Membranen oder auch größere tuberkulöse Granulations-wucherungen sowie verkäsende Knoten. Die charakteristischen tuber-kulösen Bildungen kommen an der harten Hirnhaut der mittleren Schädelgrube viel häufiger zur Beobachtung als an den Wandungen des Sinus sigmoideus. Eine Thrombose des großen Hirnquerblutleiters im Anschluß an eine tuberkulöse Ostitis des Schläfebeins fanden HABER-MANN (Fall 8), BARNICK (Fall 3 und Fall Leni P.) und KOSSEL (65). Während die erstgenannten Autoren zahlreiche miliare Knötchen in der granu-lierenden duralen Hülle des Sinus mikroskopisch nachweisen konnten, traf KOSSEL im Thrombus selbst auf Tuberkelbacillen in ungeheurer Zahl. Führt die tuberkulöse Otorrhöe zur Pyämie, so werden Tuberkel-bacillen, an Thrombenbröckelchen gebunden, in den allgemeinen Kreis-lauf aufgenommen werden. Auf diese Weise kam es im Falle KOSSEL zur Miliartuberkulose. KÖRNER (66), GRUNERT-MEIER (54) und SCHWA-BACH (22, S. 51) fanden den Blutleiter bereits mit gangränösen, zer-fallenen, eiterigen Massen erfüllt.

Häufiger als zur eiterigen Entzündung der weichen Hirnhäute führt die tuberkulöse Knochenerkrankung zur Meningitis tuberculosa. Das Bindeglied bildet eine Verlötung der Dura mit der Pia, deren Venen und Lymphspalten direkt in Mitleidenschaft gezogen werden. Am ehesten

kommt es zur Aussaat miliarer Herde an der Basis des Schläfe- und
Stirnlappens. Durch Verbreitung im Gebiete der cerebrospinalen Lymphbahnen entsteht disseminierte Tuberkulose. Die grauen Knötchen haben
größtenteils ihren Sitz in den zarten Gehirnhäuten, zum kleinen Teile
auch in der Rinden- und Marksubstanz. Die Krankheit verläuft gewöhnlich ziemlich rasch und führt in kurzer Zeit zum letalen Ende.
Unter zahlreichen, gut beobachteten Fällen wäre eine Mitteilung JANSEN's
(67) besonders anzuführen, wo der tuberkulöse Charakter der Warzen-
fortsatzaffektion erst aus einer umschriebenen Tuberkulose des Kleinhirns sowie einer ausgebreiteten tuberkulösen Arachnitis im Anschluß
an perforierende Pachymeningitis hervorging. Der Patient war angeblich
sonst nirgends tuberkulös erkrankt.

Die seltenste intracranielle Komplikation stellt der Hirnabsceß dar.
Soweit uns die einschlägige Litteratur zur Verfügung stand, konnten
wir nur 3 diesbezügliche Mitteilungen vorfinden. Es sind dies die Beobachtungen von v. BERGMANN (68), HAUG-RAAB (69) und BEZOLD-
HEGETSCHWEILER (21. S. 20). Hierzu kommt noch der vom Verf. soeben
berichtete Fall. Bei 3 Patienten hatte der etwa hühnereigroße Absceß
sich unmittelbar über dem Paukendach im Marklager des Schläfelappens
entwickelt. Die encephalitischen Herde waren nicht abgekapselt und
zweimal in den Seitenventrikel durchgebrochen. Im Falle v. BERG-
MANN, den dieser mit TRAUTMANN beobachtete, saß der Hirnabsceß bei
einer rechtsseitigen tuberkulösen Erkrankung des Schläfebeins unter
einer cariösen Stelle an der linken Seite der Hinterhauptschuppe. Gegen
die Annahme, daß die Knochenaffektion im Os occipitale und temporale
als zwei tuberkulöse Ostitiden aufzufassen wären, sprach der Umstand, daß
die in den rechten Warzenfortsatz durch den Stempel der Spritze ge-
triebene Flüssigkeit aus dem in den Hirnabsceß am Hinterhaupt einge-
führten Drainrohr herauskam. Der Weg, den die Entzündungserreger genommen hatten, um unter die Dura an die entgegengesetzte Seite des Sinus
longitudinalis zu gelangen, führte wahrscheinlich längs des thrombosierten
Sinus sigmoideus bis über die Vena magna Galeni hinaus zu der Seite
des Längsblutleiters, um hier den Absceß hervorzurufen. Der putride
Inhalt wurde in diesen Fällen leider keiner bakteriologischen Untersuchung unterzogen. Daß der Tuberkuloseparasit aber auch allein zur
Eiterung führen kann, geht aus der Beschaffenheit eines von A. FRÄNKEL
(70) mitgeteilten, nicht otogenen Hirnabscesses hervor, in dem sich
wirklicher Eiter ohne eine Spur von den gewöhnlichen Eitermikrobien,
sondern ausschließlich eine Unzahl von Tuberkelbacillen vorfanden, so
daß also gewissermaßen eine Reinkultur dieser Organismen vorlag.

Litteratur.

1) GRISOLLE, Revue médicale franç. et étrang., Mai 1837, p. 244—250.
2) GEISSLER, RUST's Magazin f. d. gesamte Heilkunde, Bd. 53, S. 478.
3) ROMBERG, CASPER's Wochenschr. f. d. ges. Heilkde., 1835, S. 603.
4) RILLIET - BARTHEZ, Traité des maladies des enfants, Bruxelles, T. 2, S. 489.
5) NÉLATON, Recherches sur l'affection tuberc. des os, Paris 1837, p. 46 u. 70.
6) VON TRÖLTSCH, Lehrbuch, 4. Aufl., 1868, S. 365.
7) VIRCHOW, Die krankhaften Geschwülste, Bd. 2, 1864—65, S. 653.
8) HAMERNYK, Ueber Taubheit und halbseitige Gesichtslähmung im Verlaufe von Tuberkulose, Zeitschr. d. k. k. Gesellsch. d. Aerzte zu Wien, 1844, S. 476.
9) WILDE, Practical observations on aural surgery, London 1853, p. 338.
10) VON TRÖLTSCH, VIRCHOW's Archiv, Bd. 17, 1859, S. 79.
11) SCHWARTZE, Arch. f. Ohrenheilkde., Bd. 2, 1867, S. 280.
12) ZAUFAL, Ebenda, Bd. 2, S. 174.
13) SCHWARTZE, Pathol. Anatomie des Ohres, 1878, S. 69.
14) ESCHLE, Deutsche med. Wochenschr., 1883, No. 30, Tuberkelbacillen im Ausfluß bei Mittelohreiterungen von Phthisikern.
15) VOLTOLINI, Ueber Tuberkelbacillen im Ohr, Deutsche med. Wochenschr., 1884, No. 2.
16) NATHAN, Ueber das Vorkommen von Tuberkelbacillen bei Otorrhöen, Inaug.-Dissert. München, 1884, u. Deutsch. Arch. f. klin. Medizin, Bd. 35.
17) RITZEFELD, Ueber die Tuberkulose des Ohres, Inaug.-Diss. Bonn, 1884.
18) HABERMANN, a) Ueber die tuberkulöse Infektion des Mittelohrs, Prager Zeitschr. f. Heilkunde, Bd. 6, 1885.
b) Neue Beiträge zur pathologischen Anatomie der Tuberkulose des Gehörorgans, Ebenda, Bd. 9, 1888.
19) HABERMANN, Pathologische Anatomie des Ohres, SCHWARTZE's Handbuch, 1892, Bd. 1, S. 264.
20) BARNICK, Klinische und pathologisch-anatomische Beiträge zur Tuberkulose des mittleren und inneren Ohres, Arch. f. Ohrenhkde., Bd. 40, 1896, S. 81.
21) HEGETSCHWEILER, Die phthisischen Erkrankungen des Ohres, Wiesbaden 1895.
22) SCHWABACH, Ueber Tuberkulose des Mittelohrs, Berliner Klinik, Heft 114, Dez. 1897.
23) BAUMGARTEN, Lehrbuch der Mykologie, 1890, S. 633.
24) JOHNE, Kongenitale Tuberkulose beim Rinde, Fortschritte der Medizin, 1885.
25) MALVOZ - BROUVIER, Tuberkulose beim Kalbsfötus, Annales de l'Institut Pasteur, 1889, p. 153.
26) BIRCH-HIRSCHFELD, Ueber die Pforten der placentaren Infektion des Fötus, ZIEGLER's Beiträge, Bd. 9, 1891, S. 383.
27) BIRCH-HIRSCHFELD und SCHMORL, Uebergang von Tuberkelbacillen aus dem mütterlichen Blut auf die Frucht, ZIEGLER's Beiträge, Bd. 9, 1891, S. 428.

28) Schmorl und Kockel, Die Tuberkulose der menschlichen Placenta und ihre Beziehung zur fötalen Tuberkulose, Ziegler's Beiträge, Bd. 16, S. 313.

29) Gruber, Lehrbuch der Ohrenheilkunde, 1888, S. 389.

30) Haug, Ziegler's Beiträge zur pathologischen Anatomie, Bd. 16, 1894, S. 516.

31) von Eiselsberg, Beiträge zur Impftuberkulose beim Menschen, Wien. med. Wochenschr., 1887, No. 53.

32) Haug, Circumskripte Knotentuberkulose der Ohrmuschel, Arch. f. Ohrenhkde., Bd. 32, S. 158, Bd. 36, S. 176 u. 177, Ziegler's Beiträge, Bd. 16, 1894, S. 507.

33) Haug, Die Perichondritis tuberc. auriculae, Arch. f. klin. Chirurgie, Bd. 43, 1892, S. 235.

34) von Düring, Ein Fall von Impftuberkulose, Monatshefte f. prakt. Dermatologie, Bd. 7, 1888, S. 1129.

35) E. Fränkel, Anatomisches und Klinisches zur Lehre von den Erkrankungen des Nasenrachenraums und des Gehörorgans bei Lungenschwindsucht, Zeitschr. f. Ohrenhkde., Bd. 10, S. 113.

36) Gradenigo, Lupus des mittleren und inneren Ohres, Allgem. Wiener mediz. Zeitung, 1888, No. 33.

37) Brieger, Ueber Mittelohrerkrankungen bei Lupus der Nase, 61. Versammlung deutscher Naturforscher und Aerzte zu Halle a. d. S. 1891, Archiv f. Ohrenhkde., Bd. 33, S. 117.

38) Schwartze, Diskussion, ebenda S. 118.

39) Gomperz, Beiträge zur pathologischen Anatomie des Ohres, Fall 1, Arch. f. Ohrenhkde., Bd. 30, S. 216.

40) Hänel, Ein Fall von beginnendem Durchbruch der beiden Labyrinthfenster bei Caries tuberculosa des Mittelohres, Zeitschr. f. Ohrenhkde., Bd. 28, S. 42.

41) Hessler, Ueber Arrosion der Arteria carotis interna, Arch. f. Ohrenhkde., Bd. 18, S. 1.

42) Moos-Steinbrügge, Ein Fall von Caries des Schläfebeins mit Carotisblutung, Zeitschr. f. Ohrenhkde., Bd. 13, S. 145.

43) Politzer, Ein Fall von Caries des Schläfebeins mit Carotisblutung, Arch. f. Ohrenhkde., Bd. 25, S. 99.

44) Jolly, De l'ulcération de la carotide interne, Arch. général de méd., Juillet 1866.

45) Küster, Ueber die Grundsätze der Behandlung von Eiterungen in starrwandigen Höhlen, Deutsche med. Wochenschr., 1889, No. 13, S. 255.

46) Yersin, Annales de l'Institut Pasteur, 1888, T. 2, p. 245.

47) Schüller, Experimentelle und histologische Untersuchungen über die Entstehung und Ursachen der skrofulösen und tuberkulösen Gelenkleiden, Stuttgart 1880.

48) Körner, Die otitischen Erkrankungen des Hirns, der Hirnhäute und der Blutleiter, 1896, S. 28.

49) Scheibe, Ueber leichte Fälle von Mittelohrtuberkulose und die Bildung von Fibrinoid bei denselben, Zeitschr. f. Ohrenhkde., Bd. 30, H. 4, S. 366.

50) Wanscher, Einige Fälle von Resektion des Warzenfortsatzes, Hospitals-Tidende, 1884, No. 4 u. 5.

51) Siebenmann, Erster Jahresbericht der Baseler Poliklinik, Zeitschr. f. Ohrenhkde., Bd. 21, 1889, S. 68.

52) Haug, Primäre centrale Tuberkulose des Warzenfortsatzes, im Anfange eine Neuralgie vortäuschend, Arch. f. Ohrenhkde., Bd. 33, S. 164.

53) Knapp, Ein Fall primärer Tuberkulose des Warzenfortsatzes, Zeitschr. f. Ohrenhkde., Bd. 26, 1894, S. 152.

54) Grunert und Meier, Jahresbericht der Hallenser Universitäts-Ohrenklinik, 1893/94, Arch. f. Ohrenhkde., Bd. 38, S. 241.

55) Ribbert, Die Wirkung des Tuberkulins etc., Deutsche med. Wochenschr., 1892, No. 16.

56) Schwartze, Arch. f. Ohrenhkde., Bd. 24, S. 74. Der Fall ist ausführlich mitgeteilt von Rhoden und Kretschmann, ebenda, Bd. 25, S. 115.

57) Cozzolino, Considerazioni statistiche, anatomo-patologiche e clinico-terapiche sulla tuberculosi dell' apparato uditivo con la storia di un bambino operato radicalmente e guarito, Boll. delle mal. dell' orecchio, della gola e del naso, del Prof. V. Grazzi, 1896, No. 10.

58) Grunert, Beitrag zur operativen Freilegung der Mittelohrräume, Arch. f. Ohrenhkde., Bd. 40, S. 237 u. 243, Fall 38 u. 159.

59) von Wild, Arch. f. Ohrenhkde., Bd. 43, S. 156.

60) Jansen, Ueber eine häufige Art der Beteiligung des Labyrinthes bei den Mittelohreiterungen, Arch. f. Ohrenhkde., Bd. 45, S. 193.

61) Habermann, Pathologische Anatomie, Schwartze's Handbuch, Bd. 1, S. 290.

62) v. Tröltsch, Gesammelte Beiträge zur pathologischen Anatomie des Ohres, 1883, S. 100.

63) Gradenigo, Annales des maladies de l'oreille, T. 15, p. 528, und T. 16, p. 613.

64) a) Macewen, Pyogenic infective diseases etc., case 21, p. 126; siehe 40. b) Hänel, siehe No. 40.

65) Kossel, Charité-Annalen, Bd. 137.

66) Körner, Otitische Erkrankungen u. s. w., S. 53.

67) Jansen, Arch. f. Ohrenhkde., Bd. 37, S. 146.

68) v. Bergmann, Die chirurgische Behandlung von Hirnkrankheiten, 1889, S. 85.

69) Haug, Die Krankheiten des Ohres, 1893, S. 263, und L. Raab, Inaug.-Diss. München, 1891.

70) A. Fränkel, Ueber den tuberkulösen Hirnabsceß, Deutsche mediz. Wochenschr., 1887, No. 18, S. 373.

Erklärung der Abbildungen.

Die Figuren 1—3 sind naturgetreue Abbildungen mikroskopischer Präparate von einem Falle, den ich im Archiv für Ohrenheilkunde, Bd. 40, S. 111—116, mitgeteilt habe. Dieser veranschaulicht am besten von allen von mir histologisch untersuchten Fällen den Uebergang der Tuberkulose vom Mittelohr auf das Labyrinth, den inneren Gehörgang und die mittlere Schädelgrube. Der großen Kosten wegen mußte von der Wiedergabe weiterer Zeichnungen, welche in erster Linie den Fall Leni P. betrafen, abgesehen werden. Die Abbildungen entsprechen ungefähr einer 6-fachen Vergrößerung. Einzelheiten wurden mit ZEISS' apochromat. Objektiv 16, Sucherokular 2 eingezeichnet. Die Schnitte sind annähernd senkrecht durch die Felsenbeinpyramide geführt, der erste durch die Schnecke, der zweite durch den Vorhof in der Höhe der Einmündung der Ampullen und der dritte durch den horizontalen und unteren vertikalen Bogengang.

Fig. 1. Tuberkulöse Infiltration der Schleimhaut der Ohrtrompete. Einbruch des tuberkelhaltigen Granulationsgewebes in die basale Schneckenwindung und den inneren Gehörgang. Obgleich die knöcherne laterale Wand des Schneckenkanals bereits vollständig zerstört ist, hält doch noch das Ligamentum spirale den andrängenden tuberkulösen Wucherungen stand. Besonders ist die Paukentreppe durch ein Netzwerk feinster Fasern vollständig erfüllt. Das CORTI'sche Organ ist durch neugebildetes Bindegewebe ersetzt. Die entzündlichen Erscheinungen nehmen gegen die Spitze zu bedeutend ab.

s. t. t. Semicanalis tensoris tympani; t. E. tuba Eustachii; c. c. Canalis caroticus; a. c. Arteria carotis; n. g. Nervus glossopharyngeus; g. p. Ganglion petrosum; m. a. i. Meatus auditorius internus; n. f. Nervus facialis; n. c. Nervus cochleae.

Fig. 2. Ein breiter, tuberkelhaltiger Granulationssaum schiebt sich von der Paukenhöhle her, nachdem die Spongiosa zwischen dem Dach des Bulbus der Vena jugularis und der unteren Begrenzung der Labyrinthkapsel zum Schwund gebracht ist, gegen den inneren Gehörgang und die hintere Fläche der Felsenbeinpyramide vor. Einbruch der tuberkulösen Massen über dem ovalen Fenster in den oberen Vorhofsabschnitt und durch das runde Fenster in die Paukentreppe des Schneckenanfangsteiles. Diffuse, kleinzellige Infiltration der dünnen, periostalen Auskleidung des Vorhofes und entzündliche Exsudation in den Sinus perilymphaticus und Utriculus.

a. s. Ampulle des oberen vertikalen Bogenganges; c. h. Crista des horizontalen Bogenganges; n. f. Nervus facialis; st. Stapes; p. Promontorium; f. r. Fenestra rotunda; s. t. Scala tympani; l. s. Ligamentum spirale; d. c. Ductus cochlearis; m. R. Membrana Reissneri; s. pl. Sinus perilymphaticus; s. p. Sinus posterior utriculi; s. s. Sinus superior utriculi; u. Utriculus; d. e. Ductus endolymphaticus; r. a. s. i. Durchschnitt des zum Nervenepithel der Ampulle des unteren vertikalen Bogenganges ziehenden Nervenzweiges; m. a. e. Meatus auditorius externus.

Fig. 3. Beginnende Arrosion der kompakten Hülle des horizontalen Bogenganges von der Paukenhöhle her und drohender Einbruch von dem oben beschriebenen Granulationssaum aus in den, seiner knöchernen Umhüllung teilweise beraubten, unteren Bogengang. Ein Einbruch in den perilymphatischen Raum ist jedoch noch

nicht erfolgt, sondern das entzündlich verdickte Periost des Kanals hält noch die
tuberkulösen Wucherungen in ihrem Vordringen auf. Starke Entzündung des perilymphatischen Raumes, endolymphatischer Raum noch frei. Auch hier bemerkt man,
ebenso wie in den früheren Abbildungen, einzelne nekrotische Knochenbälkchen im
tuberkulösen Granulationsgewebe eingebettet.

m. a. e. Meatus auditorius externus; *n. f.* Nervus facialis ; *h. h'.* horizontaler Bogengang; *u. u'.* unterer vertikaler Bogengang.

Fig. 4.   Zweifache Durchlöcherung des rechten Trommelfells eines 28-jährigen
Tuberkulösen.

Fig. 5.   Dreifache Durchlöcherung des linken Trommelfells eines 13-jährigen
Tuberkulösen.

Frommannsche Buchdruckerei (Hermann Pohle) in Jena. — 1931

Fig. 1.

Fig. 2

Fig. 3.

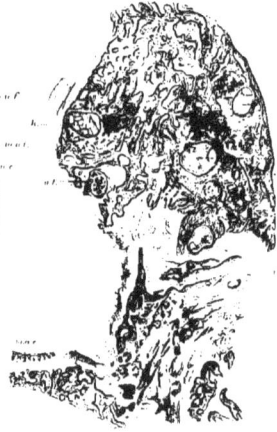

Fig. 4.

Fig. 5.

www.ingramcontent.com/pod-product-compliance
Lightning Source LLC
Chambersburg PA
CBHW022016190326
41519CB00010B/1543